四季风物

十二个月的节气食单

若愫 著

中国轻工业出版社

前 言

小时候，生活是跟着节气走的。什么时节吃什么样的食物，品尝大地的自然风味。后来物质丰富了，吃什么都不用等，那些古老的智慧存放在记忆的角落，不再清晰。

快节奏的生活里，我们开始怀念对节气的依赖，用看起来很慢、很笨的方式，把生活还原到需要"等"的状态，比如四季都能买到的大白菜，永远代替不了初冬里选到的嫩嫩的那几棵。

生活让大家拥有了更多选择，也告诉我们需要不可替代的仪式感。若愫在过去三年，从线上拓展到线下，创办了近百场分享会，围绕蔬食制作和生活美学与大家共同探讨和实践，收获一次次身心的成长。同时我们推出四季的"节气食养计划"映照季节的变化，创作蔬食、汤膏、点心和饮品，用家门口就能买到的简单食材，让即使不太擅长厨艺的你，也能用简单操作的烹饪方式，把每个季节里适合家常进补的食物，一样样介绍给大家。

每一种食物，都被自然赋予了独特的味觉密码。我们遵循一年中的二十四个节气，把最符合时令的蔬食呈现出来，用一些简单的仪式感，召唤人们回归家庭的餐桌，用健康的食物为引线，穿起现代家庭的完整感和幸福感。若愫不出售菜品，而是注重四季的生活美学，通过每一道蔬食传递给大家生活的力量。

若愫希望用一种公益的理念来倡导：关注内心，关注家庭，关注生活，在平常的日子里慢慢经营幸福、体会幸福，人生其实就是一场幸福生活禅。

若愫

目 录

春

夏

秋

冬

春

立 春

日光暖，万物生

交节日：公历2月3/4/5日

春风浩荡，

吹绿了嫩芽，

唤醒了生机。

立春咬春，

将沉睡的身体，

用饮食的方式唤醒。

春牛春杖，无限春风来海上。

便丐春工，染得桃红似肉红。

春幡春胜，一阵春风吹酒醒。

不似天涯，卷起杨花似雪花。

——苏轼《减字木兰花·立春》

天气寒冷到极点，春就来了。古籍《群芳谱》中对立春的解释为，"立，始建也，春气始而建立"。立春不仅是二十四节气中的第一个节气，更是风和日暖、万物生长的前奏。

立春三候：一候东风解冻；二候蛰虫始振；三候鱼陟负冰。东风送暖，大地开始解冻，蛰居的虫类在洞中苏醒，鱼儿感知阳气而上升，等待河流表面的冰层逐渐融化。

《尚书大传》曰：东方为春，春者，出也，万物之所出。春风浩荡，也常引得诗人抒发旷达之怀。"春幡春胜，一阵春风吹酒醒。不似天涯，卷起杨花似雪花"，立春时节，南方有杨花，中原有雪花，形态何其相似，令诗人发出"不似天涯"的感叹。

立春日，古代风俗流行剪彩花。《荆楚岁时记》记载："立春之日，悉剪彩为燕戴之，帖'宜春'二字。"宫廷剪彩，多用绢帛，彩的原意是指织物或织物有彩，《剪彩》云"绮罗织手制，桃李向春开"，可知剪彩花用的是绮罗。彩花的题材就丰富了，有燕子、花卉、蝴蝶等。李远的《立春日》中，还有"罗薄剪春虫"的诗句。

| 福慧中国年夜饭

　　岁岁年年，时光流转，始终不变的是团圆。年年赓续的这一晚，成了岁月写就的故事，浓缩了千百年的家庭情味。年夜守岁，吐故纳新。年夜饭为何而食？南朝《荆楚岁时记》中记载：岁暮，家家具肴蔌，诣宿岁之位，以迎新年。相聚酣饮，留宿岁饭。至新年十二日，则弃之街衢，以为吐故纳新也。岁尾去故，而后纳新，便是在新年伊始感怀已逝的旧年，赋予了合家团聚时守与辞的意义。让生命中的一年凝固成记忆，写进中国家庭的精神风骨里。

　　为吐故纳新，民间腊月都围绕着祭与除。《礼记》中说：岁十二月，和聚万物而索飨之。家中驱邪避鬼，祈福保佑，乃是团圆守岁之前必不可少的仪式。写福字、贴春联、作清供、挂香包，这桩桩件件的美事，皆为岁末除残去秽，而后迎入新年。

年夜雅宴，
重人情、食真味，以古风雅韵入菜，
烹蔬食佳肴美宴。

愿君暖生清雅，除夕真味传心，
调心颐养，以和于身。

青红彩椒，菌菇松茸。
红枣白果，白菜脆笋。
红橙黄绿的一桌鲜，
不仅将舌尖唤醒，
更让身体焕发生机。

除夕雅宴，
吃出春节好兆头。
锦鲤蒸饺，年年有余。
柿子点心，柿柿如意。
梅花酥点，落雪赏梅。
白菜福袋，百财纳福。
四喜丸子，诸事圆满。
……
雅食相伴，诗话旧事，
相聚守岁。
大年夜里的食之趣，
回味良久的是真心。

佛跳墙

主料：香菇30克，栗子30克，芋头50克，素排骨酥50克，红枣6克，白果6克，脆笋20克。

配料：姜片3克，五谷原酿酱油2茶匙，竹盐3克，绵白糖1克，白胡椒粉1克，有机糙米醋1茶匙，素高汤500克。

做法：

1. 香菇洗净，泡软、沥干。

2. 栗子泡软，去皮。

3. 芋头去皮，洗净、切块。

4. 白果、脆笋泡2小时后焯水。

5. 将香菇、栗子、芋头略炸、捞起。

6. 将姜片入锅爆香。

7. 加入五谷原酿酱油、竹盐、绵白糖、白胡椒粉、有机糙米醋。

8. 再加入素高汤滚煮，制成汤底。

9. 将所有主料和汤底放入容器中。

10. 盖上三层耐热保鲜膜蒸90分钟即可。

灯笼茄子

主料：茄子500克，熟土豆泥200克。

配料：素蚝油1茶匙，五谷原酿酱油1茶匙，白胡椒粉1克，淀粉3克，低筋面粉30克，泡打粉2克，番茄酱50克，有机糙米醋1茶匙，芹菜末适量。

做法：

1.加素蚝油、五谷原酿酱油、白胡椒粉、淀粉、少许水拌匀成素蚝油水淀粉。

2.茄子洗净，对半切开，每5厘米切一段。

3.每段茄子切四刀，不把茄肉断开。

4.将土豆泥塞入茄子中。

5.低筋面粉、泡打粉加冷水和成面糊，裹在土豆泥茄子上。

6.将茄子炸至两面金黄，沥干油后装盘。

7.番茄酱入热油锅炒出红油。

8.加有机糙米醋、素蚝油水淀粉煮沸后收汁。

9.将酱汁淋在茄子上，点缀芹菜末。

合菜

主料：芋头200克，白菜帮200克，香菇50克，秋葵100克。

配料：竹盐3克，白胡椒粉1克，素蚝油1茶匙，淀粉3克。

做法：

1.芋头洗净，上锅蒸熟，去皮、捣成泥、放盐调味。

2.加入竹盐、白胡椒粉、素蚝油调匀备用。

3.白菜帮沸水煮三分钟左右取出放凉。

4.把调好味的芋头泥捏成塔状。

5.把已烫好的白菜帮一层层铺好。

6.放入笼屉中蒸10分钟左右取出。

7.秋葵洗净，烫熟、切成薄片备用。

8.将泡好的香菇汤倒入锅中烧热。

9.加竹盐及淀粉勾芡，淋在蒸好的合菜上。

10.用切好的秋葵装饰摆盘即可。

| 春幡春胜，食春之味

立春日，食春盘。

薄饼裁圆月，

素丝缕缕，

美味卷入其中。

豌豆苗，生机勃发的力量

　　豌豆苗可在家中自培，有趣又新鲜，10日左右便可采摘嫩绿的叶苗入菜。豌豆苗的个性好似春天，生机勃勃，它的生长速度很快，每日细心照料，就会感受到生命的韧性与力量。

素丝唤春卷

主料：豌豆苗100克，红黄彩椒、青椒各200克，金针菇50克，黄瓜100克，越南春卷皮5张。

配料：甜辣酱5克。

做法：

1.将红黄彩椒、青椒、黄瓜洗净，切丝备用。

2.将春卷皮用温水浸泡10秒钟后捞出。

3.将备好的5种蔬菜丝放入春卷皮里卷起来。

4.为春卷造型，突出五彩缤纷的蔬菜层次。

5.春卷装盘，搭配少许甜辣酱蘸食。

雨 水

碧罗天，芳草回

交节日：公历2月18/19/20日

SHI SHUO 诗说

春始属木，生木者必水也。

雨润大地，万物萌动。

清晨，阳光焕发生机，

映照出一整片的嫩绿。

餐桌上，

盛满了春日里的温柔。

睡起画堂，银蒜押帘，珠幕云垂地。

初雨歇，洗出碧罗天，正溶溶养花天气。

一霎暖风回芳草，荣光浮动，掩皱银塘水。

方右麕匀酥，花须吐绣，园林排比红翠。

——苏轼《哨遍·睡起画堂》

雨水，春天的第二个节气。《月令七十二候集解》中说，"正月中，天一生水。春始属木，然生木者必水也，故立春后继之雨水"，雨水节气前后，万物开始萌动，草木复苏，春回大地。

雨水三候：一候獭祭鱼；二候鸿雁来；三候草木萌动。在此节气，水獭开始捕鱼，大雁感知春信北归，草木逐渐抽出嫩芽，大地开始呈现欣欣向荣的景象。

高濂在《遵生八笺》中的"春时幽赏"中写道："堤上柳色，自正月上旬，揉弄鹅黄，二月，娇拖鸭绿，依依一望，色最撩人"，可惜北方二月还无绿景，待草长莺飞、风娇雨媚，便可踏青游玩了。

"云青青兮欲雨，水澹澹兮生烟"，"青"是春天的颜色，《释名》中记载："青，生也，象物生时色也"。春天在五行中属木，色青。赤、橙、黄、白、黑五色，分别对应季节的春、夏、长夏、秋、冬，青是万物生长的颜色，青色也叫苍色，"二月龙抬头"的龙，便是苍龙。

| 红透了的山楂，是通往舌尖的热烈味道

雨水节气，很多时候会赶上春节，这期间肥甘厚味的胃肠，也需要用山楂来帮助消食化解油腻。所以每逢佳节，食用山楂已成为了一种应时的饮食养生习惯。而山楂的种种吃法，数冰糖葫芦最为讨喜，深受老人、小孩的喜爱。

冰糖葫芦，在山东一带叫糖球。青岛每年正月十六有传承了几百年，盛大的"海云庵糖球会"。庙会上近百个糖球摊位，一眼望去一片红亮。赶庙会的人流如潮，大人、小孩手中都擎着一支红红的糖球，把春节的气氛推向最后一次高潮。

都说山楂的酸凛冽，可以把你的味蕾浸透。但，只要给它泡个热澡，山楂的性格就会立刻化成温柔。于是，这道活血化瘀、降低血脂的保健佳品——山楂饮，就成了初春里一道酸酸甜甜的问候。

山楂饮

主料：新鲜山楂300克。

配料：黄冰糖100克。

做法：

1.取新鲜山楂清洗干净，去蒂、去子。

2.锅内接水，将山楂放入冷水里，煮10~15分钟。

3.放入黄冰糖，根据自己的口味增减甜度，再煮5分钟。

4.过滤后即可饮用，酸酸甜甜、滋补又好喝。

春雨碧罗天，轻食圆欢喜

新春节日，心情多了一抹红。

甜酸小食，共享团圆欢喜。

山楂，童年就这个味儿

羞红了脸的果子，成群结队地挤在箩筐里。尝一口，五官拧在一起，浑身的细胞都被这酸吓了一跳。山楂是儿时的记号，不只是尝鲜，冰糖葫芦、山楂糕，养生小食样样都是记忆中的味道。

甜酸圆欢喜

主料：山楂250克，糯米粉200克，黑芝麻粉50克，花生碎30克，干桂花20克。

配料：黑糖100克，黄冰糖30克，茶油10克。

做法：

1.将黑糖加足量水熬制成黑糖水，撒入干桂花。

2.把黑糖水缓缓倒入糯米粉中，和成面团，蒸15分钟。把糯米团滴上茶油，揉成圆团子，放入冰箱冷却20分钟。

3.山楂洗净、去核备用，把黑芝麻、花生碎、黄冰糖等调成馅料。

4.将冷却好的糯米团包入黑芝麻、花生碎、黄冰糖等调好的馅料，揉搓成团。

5.将包好的糯米团嵌入山楂，再用黄冰糖和水熬成糖浆，裹在山楂球上。

6.将山楂球撒上干桂花，摆盘造型。

惊蛰

春雷动，草木舒

交节日：公历3月5/6/7日

诗说
SHI
SHUO

春雷发响，

大自然张开眼、翻个身，醒来。

看枝芽绿，听黄鹂唱，

野外开始热闹起来，

一切都是欣欣向荣的样子，

微风从指间拂过，

空气里带着湿润的甜。

浮云集，轻雷隐隐初惊蛰。

初惊蛰，鹁鸠鸣怒，绿杨风急。

玉炉烟重香罗浥，

拂墙浓杏燕支湿。

燕支湿。

花梢缺处，画楼人立。

——范成大《秦楼月·浮云集》

春·惊蛰

　　惊蛰，古称"启蛰"，是二十四节气中的第三个节气，标志着仲春时节的开始。《月令七十二候集解》解释："二月节，万物出乎震，震为雷，故曰惊蛰，是蛰虫惊而出走矣。"

　　雷惊动，潜藏之物惊走而出。"君不见，冬月雷，深藏九地底，寂默如寒灰。纷纷槁叶木尽脱，蠢蠢蛰户虫争坏"，这是陆游诗，"蛰"就是"藏"，《尔雅》解释为"静"，冬蛰为静。陶渊明诗"仲春遘时雨，始雷发东隅。众蛰各潜骇，草木纵横舒"，春雷发响，万物生发。

　　惊蛰三候：一候桃始华；二候仓庚鸣；三候鹰化为鸠。桃之夭夭，灼灼其华，桃花红，柳叶新，黄鹂鸣，春时到。布谷鸟为鸠，春天喙尚柔，不能捕鸟，瞪目忍饥，如痴而化，待到秋天，鸠复化为鹰，一飞冲天。

　　《黄帝内经》曰："春三月，此谓发陈。天地俱生，万物以荣。夜卧早行，广步于庭，披发缓行，以便生志"。春季万物复苏，应晚睡早起，散步缓行，可使精神愉悦、身体安康。

　　惊蛰天气明显变暖，饮食应清温平淡，多食新鲜蔬菜及蛋白质丰富的食物，如春笋、菠菜、芹菜、香菇等，增强体质，抵御病菌的侵袭。

　　惊蛰仓庚鸣，黄鹂即仓庚。"两只黄鹂鸣翠柳，一行白鹭上青天"，杜甫诗，黄鹂成对双飞，被称为"金衣公子"，羽毛艳丽，鸣声悦耳，穿行于春风花间。古代文人又称其为"离黄"，"离黄穿树语断续，翠碧衔鱼飞去来"，陆游诗，别离之鸣成了悲声，离黄悲，辛勤到死丝不断的春蚕生。

| 一盒春味便当，唤醒身体的生长能量

记忆里，儿时的春充满了青翠的味道。田野里掐几叶嫩菜，汁水浸进皮肤里，闻一闻，整个人清清爽爽的。若挖到了野菜，不装满篮子不归家，挨家给亲朋送一些，还能换回几颗早熟的草莓。

回到城市，春天最早是在菜市场里出现的。那些绿色堆成小山，一下子闯进你的视野里。北方的花还没开、草还没嫩，只有市场里的菜是鲜的，蚕豆穿着绿荚，鲜笋带着泥土，歌里唱的"春天在小朋友的眼睛里"。可实际上，城市里的春，最早是进了人们的胃里。

大量的春季食材上市，梓萱又开始研制春菜食谱，既要吃得营养，又能助于纤体，用春的鲜味唤醒身体的能量，为自己也为家人，亲手制作一盒暖心养胃的春味便当。

春鲜爽脆卷

主料：圆白菜300克，鲜香菇50克，胡萝卜50克，菠菜50克，芦笋100克，豆腐100克。

配料：植物油5克，蔬果粉3克，竹盐3克。

做法：

1.圆白菜洗净，取完整的圆白菜叶备用。

2.锅内水开后加少许植物油、竹盐，把圆白菜叶焯熟。

3.将焯好的圆白菜过凉水，备用。

4.将胡萝卜洗好，切细条，焯水过凉。

5.香菇、胡萝卜、芦笋、菠菜洗净、切碎。

6.豆腐压成泥状。

7.将香菇、胡萝卜、芦笋、菠菜、豆腐放入锅翻炒。

8.加入植物油、竹盐、蔬果粉炒熟。

9.取熟圆白菜叶，将炒熟的菜包好成卷。

10.将胡萝卜细条系在圆白菜卷中间做装饰。

蔬食
SHU SHI

| 来一场舌尖上的春味之旅

萌萌小袋，
收纳五福鲜蔬，
元气之味，
让胃肠沐浴春光。

香菇，幸福的小伞

一朵小伞，里头蓄积了大自然最好的营养。香菇的采摘过程，充满了时机的智慧。当小伞张开"铜锣边"，便是营养最佳时；色泽饱满，肉嫩味鲜，自古以来就是益胃助食的佳品。

元气福袋

主料：鲜香菇50克，芹菜50克，菠菜100克，豆腐250克，胡萝卜100克，油豆
　　　腐皮4张。

配料：竹盐3克。

做法：

1.将主料：洗净，胡萝卜、香菇、芹菜切末。

2.豆腐碾碎备用，菠菜烫煮、沥水后备用。

3.翻炒胡萝卜、香菇、芹菜至八成熟。

4.加入豆腐继续炒熟，加入竹盐，馅料制作完成。

5.把馅料包入油豆腐皮，以焯过水的菠菜梗为绳封口，摆盘造型。

春　分

山泼黛，翠相挼

交节日：公历3月20/21/22日

一树春风，

繁枝上布满了嫩芽。

在太阳温热的逼迫下，

枝叶统统复活了，

淡烟粉紫掺杂，

春色燃烧起来，

花儿开始争宠。

阳光里，人面桃红。

天将小雨交春半，谁见枝头花历乱。

纵目天涯，浅黛春山处处纱。

焦人不过轻寒恼，问卜怕听情未了。

许是今生，误把前生草踏青。

——徐铉《偷声木兰花·春分遇雨》

春分，昼夜平分，风渐暖，草微绿，一年中最美的季节就要到了。董仲舒在《春秋繁露》中说："至于中春之月，阳在正东，阴在正西，谓之春分。春分者，阴阳相半也，故昼夜均而寒暑平"。

"雪入春分省见稀，半开桃杏不胜威"，这是苏轼诗。北方的春天还藏在待发的枝芽里，但阳光已经温热了，春雨也点进了池塘里，大地正在复苏，接下来就该是"绿杨堤，青草渡。花片水流去。百舌声中，唤起海棠睡"了。

春分三候：一候元鸟至；二候雷乃发声；三候始电。元鸟，又称玄鸟，即燕子，春分归来。雷是春天阳气生发的声音，阳气在奋力冲破阴气的阻挠，隆隆有声。而后，逐渐开始见到闪电。

自然之中，能最早报告春之时令的是迎春花。"覆阑纤弱绿条长，带雪冲寒折嫩黄"，这是韩琦诗，迎春之美，不畏严寒，不择风土。"金英翠萼带春寒，黄色花中有几般"。怪不得红楼十二钗中，迎春落落寡合，不喜与众钗为伍，颇类迎春花凌寒独开之禀性。

春分节气平分了昼夜寒暑，养生应注意保持人体的阴阳平衡状态。《素问·骨空论》里说，"调其阴阳，不足则补，有余则泻"。春分节气前后是草木生长萌芽期，人体内肝气也正处于旺盛时期，饮食调养应保持机体功能协调平衡，忌偏热或偏寒。

豌豆三吃，一口春风飘飘然

三月，人间芳菲。瓜田菜圃绿意融融，菜都铆着劲儿地长，早市里一片鲜绿颜色，无须品尝，就能传递出汩汩浓郁的清香。初春，味蕾比身体更早接受新鲜的召唤。清早，去挑选春播的鲜豌豆，翠衣鼓鼓，甘香扑面，香气钻进鼻息，一瞬间人被浓浓春意击中，对菜式的思路也轻盈打开。

儿时对春的记忆，是田野中的勃勃生机。大片的野豌豆，浅浅的小紫花，春风一吹，遍地都是。采薇采薇，薇亦柔止。野豌豆的另一个名字叫做薇菜，从娇嫩欲滴，到柔中带刚，将美好的一生献给了大地，也为家人的餐桌吐露芬芳。一口春日豌豆，一日清幽鲜甜。

春天万物生长，是皮肤代谢加速的季节，也是护肤的最佳时机。《本草纲目》中记载，豌豆可"祛除面部黑斑，令面部有光泽"，因为富含维生素A、维生素C、氨基酸等，豌豆也是春天里的"美肤豆"，美味又能保养皮肤和身体。豌豆是餐桌上的一束春光，能做主食、能入菜、亦能熬汤，不仅令人口舌荡漾，还能生出创作趣味。梓萱烹豌豆饭、豌豆卷、豌豆汤，几分温柔、几分蜜意、几分滚烫，鲜嫩春色，缓缓在盘中绽放。

豌豆煮饭，既不能煮得过分形散，又不能生硬不透，软糯的口感与米粒相似，但滋味却鲜得淋漓尽致，唇齿间余韵回甘。

粒粒豌豆饭

主料：粳米200克，面筋50克，胡萝卜50克，豌豆荚100克。

配料：五谷原酿酱油1茶匙，植物油10克。

做法：

1.将粳米淘洗干净后放入电饭煲。

2.面筋、胡萝卜切丁，放入烧热油的锅内，加少许五谷原酿酱油炒熟。

3.把炒好的面筋与胡萝卜放入电饭煲，煮饭。

4.从豌豆荚剥出豌豆，煮熟放凉备用。

5.将煮熟的豌豆粒拌入煮好的饭即可。

　　豌豆的吃法，浓淡相宜，若是裹进甜蜜的红豆沙，惊艳极致；入汤清煮淡淡甜香，肠醒胃清。在自然节奏的春味里，豌豆温婉可人，平平常常，让人亲近。

山药豌豆卷

主料：山药300克，豌豆荚200克，红豆250克。

配料：植物油30克，竹盐6克，绵白糖50克。

做法：

1.山药洗净，豌豆荚洗净，红豆洗净泡好。

2.山药蒸至软糯，放凉去皮，压成泥并调味。

3.豌豆剥好，煮熟放凉，破壁机打泥并调味。

4.红豆煮熟打泥，加植物油、竹盐、绵白糖炒成红豆沙。

5.铺上寿司帘，盖保鲜膜，山药泥铺成薄片。

6.山药泥加上豌豆泥，轻轻擀平。

7.将红豆沙擀成薄片后放在豌豆泥上。

8.用寿司帘将其卷成卷，切段即可食用。

豌豆豆腐汤

主料：豌豆100克，嫩豆腐100克，腰果50克。

配料：竹盐3克。

做法：

1.将豌豆剥粒、煮熟。

2.熟豌豆、腰果放入破壁机，加水打成豌豆汤。

3.倒入锅中小火加热，放竹盐调味。

4.嫩豆腐切块，放入碗中，倒入豌豆汤即可。

蔬食 SHU SHI

| 唤醒春色的不止雾雨杏花，还有那盘中一抹翠

春笋和芦笋，

都是春食的尖儿货。

春天的鲜味，

用纯粹击中你的味蕾。

春笋，快乐地野蛮生长

雨后，泥土里钻出嫩嫩的尖，铆着劲儿地长。竹林里一片片的鲜笋，趁着鲜嫩被采下，送往品尝春天的餐桌。若是采得稍晚了，它的脾气可是不等人的，很快便抽成青竹。这股生长的力量，仅在春天限量。

素烹双笋

主料：春笋150克，芦笋150克，儿菜150克，胡萝卜50克，豌豆50克。

配料：植物油5克，竹盐3克，蔬果粉3克。

做法：

1.将主料洗净备用，春笋去皮、切小块，芦笋、儿菜、胡萝卜切小块。

2.将全部主料焯水，取出后沥干水分。

3.滴入少许植物油入锅，翻炒主料，加入竹盐、蔬果粉调味。

4.炒熟后装盘，摆盘装饰即可。

清　明

细雨飘，洗清明

交节日：公历4月4/5/6日

SHI SHUO 诗说

清爽明净之风，

吹走了大地最后的萧瑟。

细雨飘飘洒洒，

大地喝饱了水，

山坡上绿意渐浓，

雨后放晴，

彩虹就挂在最近的天空。

梨花风起正清明，游子寻春半出城。

日暮笙歌收拾去，万株杨柳属流莺。

——吴惟信《苏堤清明即事》

　　清明，每年太阳到达黄经15°时为清明节气。《淮南子·天文训》中说，"春分后十五日，斗指乙，则清明风至"，"清明风"即清爽明净之风。《岁时百问》中说，"万物生长此时，皆清洁而明净，故谓之清明"。

　　清明三候：一候桐始华；二候田鼠化为鹌；三候虹始见。清明时节，山坡上的白桐树开出紫白色花朵，喜阴的田鼠钻回洞中，化为鹌鹑，阴物转为阳物。此后，雨后的晴朗天空可以见到彩虹，虹是阴阳交会之气，日照雨滴而虹生。

　　"蚤是伤春梦雨天，可堪芳草更芊芊"，这是韦庄诗，细雨飘，洗清明，草长莺飞，柳风斜舞。"问西楼禁烟何处好？绿野晴天道。马穿杨柳嘶，人倚秋千笑，探莺花总教春醉倒"，自古以来，清明节便是一个纪念祖先的节日：柳垂阡陌雨沉沉，千里子孙赶上坟。处处青山烟火起，焚香祭拜悼先人。

　　记忆中小时候的清明多会下雨，丝丝小雨为这个慎终追远的季节抹上了一层淡淡的青色。每每读到历史上那些有情有义的故事，内心总是充满着敬畏，正是因为这种高风亮节的气韵成就了华夏文明绵绵流传至今吧。清明，想着为先祖做些什么，又如何把这种敬畏之心带进日常生活，带入每一餐，每一食之中。那大概就是带着一颗敬畏之心，去做好每一件当下的事吧。

| 春上枝头，没吃过这个，你的春天不完整

新鲜的食材，

是我们在每个季节，

体会到的初始味道。

每一口嫩芽，

都在唤醒记忆中的春。

这个时节，万物迈进更加清洁、明亮的气氛当中，大地也回春了。万物生发，嫩绿的菠菜仿佛春的信使，在春天里娇俏登场，大量上市。菠菜有"营养模范生"之称，它富含多种维生素、矿物质、辅酶Q10等各种营养素。《本经逢原》中记载：凡蔬菜皆能疏利肠胃，而菠菱冷滑尤甚。《本草纲目》中说它通血脉、开胸膈、下气调中、止渴润燥，根尤良。

一盘春上枝头，淡雅的嫩黄与嫩绿，是初春的一种感性撩拨。春风拂面，吹落的，还有连翘花瓣。将散落之趣收纳于餐桌之上，似花非花，岂不美哉。

梓萱的日常生活与家人的关系中，越是简单的事，越要郑重以待，才有细水长流的深情。她喜欢亲手为家人营造生活中的仪式感，花材也是食材，食材也是花器，任何一种大自然的馈赠，在她的手中，都会随着时间沉淀出最真实的味道。

春味菠菜堡

主料：菠菜100克。

配料：香油3克，竹盐3克，果蔬粉3克。

做法：

1.菠菜洗好、焯水沥干。

2.加入适量香油、竹盐、果蔬粉拌匀。

3.将调好味的菠菜用模具塑形。

4.以花材摆盘装饰。

蔬食
SHU SHI

| 艾草芊芊揉青团

糯米补中益气，

艾草温经除湿，

揉成青团，

祛湿扶阳。

艾草，生活里的宝

春天，迎着太阳，割一把艾草，馨香入鼻，安神祛秽。古人说，艾草艾草，生活里的宝，入药，温经除湿，散寒止血；入菜，做出江南美味小食，绿糍粑、艾米果，吃出春天的绿意。

青团如玉

主料：新鲜艾草500克，赤小豆250克。

配料：糯米粉100克，澄粉15克，植物油10克，黄冰糖10克，竹盐3克，小苏打2克。

做法：

1.将赤小豆洗净，浸泡一晚后放入电压锅中，煮至赤小豆软烂，碾成红豆沙。

2.锅内放入植物油，将红豆沙入锅，开小火，放入黄冰糖和少许竹盐翻炒至适
  宜干湿程度即可，制成红豆馅。

3.将新鲜艾草焯水，加入一点小苏打去涩味。将焯好的艾草，过水后捣成泥。

4.糯米粉中加入澄粉，用温热水和艾草汁搅拌，和面，制成面皮。

5.红豆沙球嵌入面皮，揉圆。

6.将青团放入蒸锅里蒸10分钟即可，取出后在其表面刷一层植物油，美观又防裂。

谷 雨

谷雨晴，浮萍生

交节日：公历4月19/20/21日

诗说 SHI SHUO

雨生百谷，

萍水相逢。

在这个蠢蠢欲动的季节，

花生、大豆、春茶、菠菜，

春天的脉搏，

带着野生的力量，

扑通扑通。

试览镜湖物，中流到底清。

不知鲈鱼味，但识鸥鸟情。

帆得樵风送，春逢谷雨晴。

将探夏禹穴，稍背越王城。

府掾有包子，文章推贺生。

沧浪醉后唱，因此寄同声。

——孟浩然《与崔二十一游镜湖》

谷雨，源自古人"雨生百谷"之说，春季的最后一个节气。《通纬·孝经援神契》中记载，"清明后十五日，斗指辰，为谷雨，三月中，言雨生百谷清净明洁也"。

谷雨三候：第一候萍始生；第二候鸣鸠拂其羽；第三候戴胜降于桑。谷雨之日萍水相逢，水中浮萍开始生长。鸠乃鹰所化，即布谷鸟，鸠鸣预示春天即将结束，提醒人们开始播种，桑树上开始见到戴胜鸟，蚕将生。

"不恨此花飞尽，恨西园，落红难缀。晓来雨过，遗踪何在？一池萍碎"，这是苏轼诗，古人认为萍是杨花所化，落入水中"一池萍碎"，伴着小荷初生，湖面一片生机勃勃。

大连的谷雨时节，正是樱花灿烂的时候，于是赏樱便成了人们春日郊游的一项重要活动。樱花，起源于中国喜马拉雅山脉。被人工栽培后，这一物种逐步传入中国长江流域、西南地区以及台湾岛。秦汉时期，宫廷皇族就已种植樱花，距今已有2000多年的栽培历史。汉唐时期，已普遍栽种在私家花园中，至盛唐时期，从宫苑廊坊到民舍田间，随处可见绚烂绽放的樱花。

樱花便当，野鸟唱欢，闲云几片，树下听风落瓣

约上樱花和春的暖阳，阳光下，我们自在地走。

挽着装满食物的竹篮，绿草蓬勃，落樱烂漫，择一棵开满花的树，落座花荫下，尝一口春风里芬芳的柔。花下品樱，梓萱带着樱花便当，约上春的好天气。

一半苍翠浓烈，一半粉红浪漫。

风是酥软的，吹得樱花粉嫩娇艳。早樱落了，八重樱正盛，恰是创作樱花便当的最佳食材。

赏花，不止停留在视觉，更能掀起味觉的浪。

在樱花七分开时，趁着新鲜，带柄摘下，腌渍 1~2 天，为各式樱花便当提供天然的食材，咸香入口，花芳四溢。

"非白非朱色转加，微寒轻暖殢云霞"，自古以来赏樱便是生活雅事。

樱花的花语，每一句都能品出生活的滋味：希望与平等，"樱花是每年一次所有人都能平等获赠的花束"；温柔与耐心，"平淡中的自在坦然，是遵循慢慢生长的秩序与能量"。

阳光自由和一点花的芬芳。

仅仅活着是不够的，还需要有阳光、自由和一点花的芬芳。在不断重复的生活中，寻找每一天的新鲜与美好，小日子里，充满了欢喜。

樱花饭团

主料：米饭 250 克，腌渍樱花 10 朵。

配料：寿司醋 2 茶匙，绵白糖 10 克，甜菜根粉 5 克。

做法：

1.将腌渍樱花泡入水中去除咸味。

2.寿司醋和绵白糖混合煮沸，淋到米饭上。

3.取少量米饭加入甜菜根粉搅拌成粉红色。

4.将米饭放入模具压成三角形。

5.取少量粉红色饭粒点缀饭团。

6.将泡过水的樱花装饰在饭团上即可。

梅子海苔樱花饭团

主料：米饭 300 克，腌渍樱花 5 朵。

配料：甜菜根粉5克，海苔5克，梅干3个。

做法：

1.将腌渍樱花泡入水中去除咸味。

2.甜菜根粉与水调成粉红色液体备用。

3.将粉红色液体淋在米饭上，拌匀。

4.梅干切碎后拌匀在米饭里。

5.将泡过的樱花擦干、切碎，拌入饭团中。

6.将海苔装饰在塑形后的饭团上即可。

樱花糖霜饼

主料：椰子油 100 克，黑糖 80 克，樱花糖霜适量。

配料：低筋面粉 300 克。

做法：

1.椰子油、黑糖加热融化。

2.放凉后加入过筛的低筋面粉。

3.整理面团并擀平、塑形。

4.烤箱 170 度预热，烤 15~25分钟。

5.放凉后涂上樱花糖霜即可。

蔬食
SHU SHI

| 红药绽香苞，翠芽尝如意

翠芽生发，
春的餐桌上，
绿叶子、白豆腐，
营养全部包来。

豆腐，个性百搭

　　细腻的口感，千年智慧的传承，明代大药理学家李时珍在《本草纲目》中载："豆腐之法，始于汉淮南王刘安"。豆腐，古称"福黎"，豆腐是我国传统菜肴的主要原料，时至今日，豆腐已有2100多年的历史，深受老百姓的喜爱，它白白嫩嫩，入口爽滑，不仅适于煎炒烹炸，还能与蔬菜一同制成馅料。个性百搭，造型百变，被誉为"植物肉"和"东方奶酪"之美称。

　　豆腐内含人体必需的多种微量元素，还含有丰富的优质蛋白，豆腐是补益清热的养生食品，常食可补中益气、清热润燥、生津止渴、清洁肠胃。更适于热性体质、肠胃不清、热病后调养者食用。现代医学证实，豆腐除有增加营养、帮助消化、增进食欲的功能外，对齿、骨骼的生长发育也颇为有益。

多福云吞

主料：豆腐200克，豌豆苗150克，春笋50克，玉米粒50克，鲜香菇30克，秋葵50克，
云吞皮适量。

配料：植物油5克，竹盐3克，豌豆酱3克。

做法：

1.将豆腐、豌豆苗、春笋、玉米粒、香菇、秋葵等食材洗净、切碎。

2.放入适量的植物油、竹盐，搅拌均匀成云吞馅。

3.用事先备好的云吞皮将馅料包成云吞。

4.待水烧开后，将云吞下锅煮熟、装盘。

5.出锅后，在云吞汤中加入适量豌豆酱调味。

◎立夏

◎小满

◎芒种

夏

◎夏至

◎小暑

◎大暑

立　夏

垂柳绿，丁香紫

交节日：公历5月5/6/7日

SHI SHUO 诗说

春花娇，夏雨急，
雨打花瓣，
一夜绿了满园，
柳阴初密，丁香紫开。
蚯蚓伸伸懒腰，
帮助农民翻松泥土，
乡间的野瓜开始迅速攀爬，
奋力地生长。

绿阴铺野换新光，薰风初昼长。
小荷贴水点横塘，蝶衣晒粉忙。
茶鼎熟，酒卮扬，醉来诗兴狂。
燕雏似惜落花香，双衔归画梁。

——张大烈《阮郎归·立夏》

立夏，夏季的第一个节气。《历书》记载：斗指东南，维为立夏，万物至此皆长大，故名立夏也。《遵生八笺》中写道："孟夏之日，天地始交，万物并秀"，万物生长进入旺盛时期。

迎夏之首，末春之垂。春花娇，夏雨急，雨打花瓣，一夜绿了满园。堤边杨柳，温柔随风，姿态万千，正好应了陆游的那首诗："槐柳阴初密，帘栊暑尚微。日斜汤沐罢，熟练试单衣。"

立夏三候：一候蝼蝈鸣；二候蚯蚓出；三候王瓜生。在这个时节，蝼蝈开始聒噪着夏天的来临，常年隐于地下的蚯蚓，因感夏天阳气的剧烈，几欲破土而出。

| 果与醋，夏日的缤纷预告

樱桃、蓝莓，夏日的缤纷预告。

轻风拂叶，果子缀枝，樱桃脸红，蓝莓微胖。一树树，晃荡荡，用饱满的身材，发出夏天的预告。

刚摘下的樱桃、蓝莓，水灵灵的皮肤，果肉透着光泽。甜酸口感，唇齿间交织，一颗便能唤醒美好的夏天。每种果子，都有它不可替代的味道，是阳光、土地、雨水的能量，赋予了食材天然美味。

好的烹饪方式，应该保留食材原有的味道。

梓萱用时令果子，搭配有机糙米醋，经过耐心与时间，让果香与醋香产生美妙的风味。每一瓶果醋，都包含着浓郁的初夏情味。

五月的樱桃、蓝莓，甜得那般热烈。樱桃调中益气，令人面色姣好。蓝莓富含花青素，可延缓衰老。南方青梅正当季，一颗颗清香扑鼻，酸爽凛冽，每一颗都是大自然的好味道。

用有机糙米醋，为樱桃、青梅、蓝莓泡个澡，给大自然的水果酸甜加点料。

一起来做！

水果有机果醋

主料：樱桃500克，青梅500克，蓝莓500克。

配料：黄冰糖50克，有机糙米醋1500克，竹盐100克。

做法：

1.樱桃去蒂，青梅用牙签挑去蒂头。

2.青梅提前用竹盐搓洗，用水浸泡两小时。

3.樱桃、青梅、蓝莓分别洗净、沥干。

4.三种水果分别装入密封罐中，加入黄冰糖。

5.罐中倒入有机糙米醋。

6.密封好的果与醋，腌制一周左右即可。

樱桃果醋、蓝莓果醋、青梅果醋，天然、有机、健康，

用果醋腌渍时蔬、凉拌沙拉，为夏日带来舌尖的甜酸清凉。

醋渍彩虹时蔬

主料：黄瓜250克，胡萝卜250克，红黄彩椒250克。

配料：黄冰糖50克，青梅果醋100克，水300克，竹盐10克。

做法：

1.黄瓜、胡萝卜、红黄彩椒洗净。

2.将三种蔬菜切成条状，放入密封罐中。

3.青梅果醋中加入适量水、黄冰糖、竹盐调味。

4.将调味好的果醋倒入密封罐中。

5.腌渍一天左右即可食用。

| 春夏不忘

香椿馥郁芳香，

与豆腐同拌，

点香油数滴，

一箸入口，三春不忘。

香椿，碧绿嫩如丝

嫩香椿头，枝叶未舒，颜色紫赤，香气扑鼻。倒入开水稍烫，梗叶转为碧绿，捞出，揉以细竹盐，切为碎末，拌什么吃都香，是时令蔬菜的营养佼佼者。

香椿豆腐

主料：香椿100克，白豆腐150克。

配料：香油15克，竹盐3克。

做法：

1.将香椿清洗并焯水，用料理机将香椿搅碎，制成香椿酱。

2.将白豆腐压碎并吸去多余的水分，在豆腐中加入香油、竹盐，并搅拌均匀。

3.在模具中放满豆腐并塑形。

4.在豆腐上放适量的香椿酱，摆盘造型即可。

小　满

野菜嫩，麦子黄

交节日：公历5月20/21/22日

诗说

荔枝清甜，

枇杷黄了，

麦粒渐熟，小得盈满。

田野里一片欣喜，

风吹麦浪，

结实的麦穗欢呼着丰收，

阵阵花香欢快地到访，

洋槐，能吃的花熟了。

槐花香里絮飞春，那时心上珍。

小篮摘满缀芳芬，同行嬉闹频。

风有泪，月无痕，流云也忘鼙。

横波如水也怜君，解卿有几人。

——佚名《醉桃源·槐花》

小满，夏季的第二个节气。《月令七十二候集解》中说，"小满者，物致于此小得盈满"，其含义是夏熟作物的籽粒开始灌浆饱满，但还未成熟，只是小满，还未大满。

小满时节，枇杷黄了，荔枝清甜，杨梅汁蜜，小满的"满"为充实，指果实渐渐充盈，"夜莺啼绿柳，皓月醒长空。最爱垄头麦，迎风笑落红"，春去夏来，百花渐落，即将成熟的麦子已在风中摇摆。

小满三候：一候苦菜秀；二候靡草死；三候麦秋至。小满虽预示麦子将熟，但仍然处在青黄不接的阶段，过去百姓往往以野菜充饥，苦菜春夏开花，嫩时可食用。靡草为喜阴植物，步入夏天阳气日盛，靡草枯萎。此时，夏麦可以收割了。

| 槐花香，苦菜秀

妈妈的味道，
是从大自然到餐桌，
那份热气腾腾的爱。

荔枝清香可口，
从古至今，
颇受追捧，
品上一口，
唇中久久回甘。

　　五月的大连，山温柔了，苍翠中闪动白色的花，漫山散落着，与登山人不期而遇。小时候，天气好时，最喜欢挎着小篮子，做妈妈的小尾巴，走很远的山路，到人少的地方采槐花。不敢多采，怕伤了树，这是儿时小小的私心。妈妈说，人敬畏自然，也得到自然的回馈。一小篮槐花，再加一些蔬菜，能做出足够家人吃的食物。

| 槐花、果子、野菜——五月，独有的味道

在这个季节，槐花既可以做成菜，也可以直接和面食、米饭搭配，不仅美感十足，并且还能还原槐花的天然香。槐花有降血压、扩张冠状动脉等作用。但它食性微寒，体质寒凉的人不宜多吃。

小满一候苦菜秀，此时正是吃苦菜的季节。作为国人最早食用的野菜之一，苦菜苦中带涩，涩中带甜，新鲜爽口，清凉嫩香。早于《周书》便记载有"小满之日苦菜秀"的风俗。古时李时珍称它为"天香草"，曾于《本草纲目》中写"苦菜久服，安心益气，轻身、耐老"，说的便是苦菜丰富的营养价值。它含人体所需要的多种维生素、矿物质，具有清热、凉血和解毒的功能。梓萱结合家人的体质，用给苦菜过油的烹饪方式中和苦菜的寒性，呈现别样风味。

荔枝也是这个时节的尖儿货，最早关于荔枝的文献是西汉司马相如的《上林赋》，"荔枝"两字出自西汉，而栽培始于秦汉，盛于唐宋。古名离枝，意为离枝即食，因其风味绝佳深受喜爱，唐代或更早已列为贡品。晚唐诗人杜牧有一首绝句，题目叫《过华清宫》，中间有名句专门写此事："一骑红尘妃子笑，无人知是荔枝来。"至今荔枝中仍有一个品种叫做妃子笑，是由此而得名的。荔枝本身具有补气养血、健脾生津、理气止痛之功效。不过，荔枝食性偏热，体质偏热的人多食容易上火。荔枝、苦菜、槐花是不错的搭配，水火相济。

梓萱说，食物与人的相伴，不只是简单的饱足感，还有劳作时投入的记忆和情感，是那些每日重复又每每不同的时光，也是生活中的生动与平凡。

槐花饭

主料：粳米200克。

配料：槐花50克。

做法：

1.分别将粳米、槐花洗净，一起蒸饭。

2.米饭装碗，撒上新鲜槐花装饰即可。

苦菜天妇罗

主料：苦菜50克。

配料：面粉100克，淀粉10克，植物油200克，竹盐3克，水适量。

做法：

1.面粉加水、竹盐、淀粉，均匀搅拌成糊状。

2.苦菜洗净，擦干。

3.锅中入植物油加热。

4.将苦菜裹上一层干面粉，再裹上一层面糊。

5.锅炸至表面金黄。

6.捞出，控油即可。

槐林五月漾琼花，浮香一路到天涯

槐花幽香含蓄，

花落依旧心头珍，

盛入盘中，

与清凉蔬菜百搭。

满树繁花，冰清玉洁

  和煦暖风中，香气隐隐飘来，一抬头，满树繁花，一串串闪着银光，冰清玉洁。小满前后，槐花成阴，花香氤氲。槐花包子、槐花煎饼、槐花茶，餐桌上的食趣丰富起来。

落槐成珍

主料：茄子500克，槐花50克。

配料：调味芝麻酱30克。

做法：

1.将茄子、槐花洗净备用。

2.茄子去皮、切段，茄白入锅，蒸15分钟。

3.把茄白取出放凉，搭配槐花、调味芝麻酱，摆盘即可。

芒 种

芒种忙，果子香

交节日：公历6月5/6/7日

诗说

麦子收，稻子种，

果子们过了花期，

一半青涩，

一半通红。

熟透的樱桃，

火红成串，

初夏午后的拍照宠。

芒种看今日，螳螂应节生。

彤云高下影，鸩鸟往来声。

渌沼莲花放，炎风暑雨情。

相逢问蚕麦，幸得称人情。

——元稹《芒种五月节》

芒种，夏季的第三个节气，表示仲夏时节的正式开始。"芒种芒种，连收带种"，指的是：有芒的麦子快收，有芒的稻子可种。"芒种"又叫"忙种"，左河水的《芒种》中说："南岭四邻禾壮日，大江两岸麦收忙。"

陆游在《时雨》一诗中，描述了乡间雨后插秧种稻的忙碌，接着以"家家麦饭美，处处菱歌长"，细致体现出农家小麦丰收后，麦饭飘香、歌声不断的喜悦之情，可见"芒种忙"的农家气氛。

芒种三候：一候螳螂生；二候鵙始鸣；三候反舌无声。芒种节气后，阴动开始制阳，螳螂产卵于深秋，一壳百子，夏季感阴气破壳而出。鵙，即伯劳鸟，五月伯劳鸟出现在枝头，感阴而鸣。反舌即百舌鸟，感阳而发，遇微阴则无声了。

进入芒种，气温开始升高，暑易入心，人易烦躁，伤从心来。芒种期间的饮食应以清补为主，养心去躁，多食蔬菜、豆类和水果。

| 樱桃派对，花看人闲坐

六月的夏，大自然都醒透了。

小院儿乘凉，饮食妥帖，人也温暖，日子不就该这样慢慢过。

六月，沿路的无尽夏开得像一幅水彩长卷，小木槿享受着斜阳，铁线莲悠闲攀爬，天人菊洋洋洒洒……看到那些藏在绿荫中明暗闪烁的花，炫目的日光也温柔了起来。

午后的树荫下，大家一起劳作，洗樱桃、切樱桃、煮水、熬酱，眼看着一筐樱桃一步步变成黏稠酸甜的果酱，等不及把酱放凉，就抹在面包上，一大口嚼下去，笑容也一点点在脸上绽放。

日子丰满，清风斜阳也来做伴。院里剪几株薰衣草，配上天人菊、无尽夏，稀稀疏疏插在玻璃瓶里，风舞动着光，忽明忽暗地打在花朵上，清冽又缥缈。

切开樱桃派，斟满樱桃汁，再用樱桃酱配上现打的奶油做成甜品杯……花园派对最好玩的地方，就是让每个人都变得忙碌又乐呵，时光细碎而有趣。

一起学做樱桃甜品！

樱桃酱

主料：樱桃1000克。

配料：黄冰糖200克，竹盐少许。

做法：

1.将樱桃洗净，去蒂、去核。

2.把樱桃中加入200克黄冰糖，腌渍1小时。

3.腌好的樱桃放入不粘锅，加水，中小火慢熬。

4.熬制中途加入少许竹盐。

5.不停搅拌至果酱黏稠即可。

6.将熬好的果酱置入消毒好的玻璃罐中。

7.趁热密封，待凉后放入冰箱保存。

樱桃甜品杯

主料：鹰嘴豆200克，樱桃酱100克。

配料：有机糙米醋10克，黄冰糖粉20克，素奶油5克，薄荷叶，樱桃若干。

做法：

1.将鹰嘴豆整夜浸泡。

2.豆子放入锅中，加入清水没过豆子，煮豆。

3.煮至汤汁变得很浓稠，滤出汤汁。

4.取约100毫升汤汁，加几滴有机糙米醋。

5.用电动打蛋器打发，其间分批加入20克黄冰糖粉。

6.继续打发，直到变成奶油状即可。

7.在杯中加入煮好的樱桃酱，表面铺上素奶油。

8.用樱桃、薄荷叶点缀即可。

　　从午后，到夕阳，时光的脚步在小院儿里放慢。

　　一切的生命，在光影中都有着细微的变化，花朵的开合，叶片的方向，蜜蜂来来回回，小猫睡了又醒，直到时光凝结成诗。不羡他人起高楼，我只俯身向花草。

| 仲夏夜，食一道清凉入心

食物五色对应五脏，
红色果蔬益于补心。
水果搭配干果，
红红润润，清凉补心。

荔枝，玉雪肌肤披红衣

"世间珍果更无加，玉雪肌肤罩绛纱"，自古以来人们便看重荔枝的珍贵，白居易曾赞颂荔枝：壳如红绸，膜如紫纱，瓤肉莹白如冰雪，浆液甘酸如醴酪。荔枝与火龙果同食，更是养肝护心的绝佳组合。

清凉如意

主料：火龙果1个，荔枝100克，伊丽莎白瓜100克，蓝莓50克，蔓越莓干20克，
　　　炒熟的核桃仁20克。

配料：竹盐3克，香油少许。

做法：

1.切开火龙果、伊丽莎白瓜，挖出圆形果球。

2.荔枝剥壳，取出果肉。

3.将火龙果球、瓜球、荔枝肉倒入锅中快速翻炒。

4.在炒熟的果肉中加入蓝莓、蔓越莓干、炒熟的核桃仁，迅速搅拌。

5.加入适量的竹盐、香油调味，摆盘。

夏 至

夏荷生，木槿荣

交节日：公历6月20/21/22日

这一天，

花草树木恋着太阳，

情谊绵长。

日光迟迟不肯离去，

直到月亮来接班。

这一夜，

荷花露了尖角，

瓜果熟在田间。

夏至一阴生，稍稍夕漏迟。

块然抱愁者，长夜独先知。

悠悠乡关路，梦去身不随。

坐惜时节变，蝉鸣槐花枝。

——白居易《思归》

　　夏至是二十四节气中最早被确定的一个节气。《恪遵宪度抄本》有云：
"日北至，日长之至，日影短至，故曰夏至。至者，极也。"是说夏至这天，
太阳直射地面的位置到达一年中最北端。夏至以后，太阳直射地面的位置逐
渐南移，北半球的白昼日渐缩短。至此，阴气在地底每日生长，阳气被逼而
火躁，这就是溽蒸，随阴气逐渐上升而有小暑、大暑，待阴气彻底钻出地
面，天气凉爽，便是秋了。

　　《礼记》中说："夏至到，鹿角解，蝉始鸣，半夏生，木槿荣。"夏至
日阴气生而阳气始衰，鹿角便开始脱落；知了在夏至后鼓翼而鸣；半夏、木
槿这两种植物也逐渐繁盛开花，在仲夏的沼泽地或水田中出现。

　　唐代权德舆有《夏至日作》诗，写道："璇枢无停运，四序相错行。寄
言赫曦景，今日一阴生。"诗说大自然不停地运行，四季交错，虽然夏阳如
火，但却意味着阳盛之中也有阴生。

| 温情共聚，端午话安康

　　端午节为每年农历五月初五，端午，一直是一个特别的节日，因为它有些特殊的仪式：悬挂艾草，系五彩绳，吃粽子，品五毒饼，佩戴香包……端午时值仲夏，是皮肤病多发季节，古人采摘艾草盛行以草汤沐浴、除毒之俗，端午风俗多为驱邪避毒，在门上悬挂菖蒲、艾叶等。

　　每年端午必吃粽子。粽子，由粽叶包裹糯米蒸制而成，是一种温和的滋补品，有补虚、补血、健脾、暖胃等作用。粽子种类繁多，从馅料看，北方有包小枣的北京枣粽；南方则有绿豆、豆沙、八宝、冬菇等多种馅料。

　　五毒饼是北方端午节特有的节令食品，每年初夏时节正是毒物滋生活跃的时候，因此古人会食用"五毒饼"祝愿消病强身，祈求健康。五毒饼是以五种毒虫花纹为饰的饼，五毒饼其实就是玫瑰饼，只不过用刻有蝎子、蛤蟆、蜘蛛、蜈蚣、蛇"五毒"形象的印子，盖在酥皮玫瑰饼上，传统的馅料有玫瑰、枣泥、豆沙、黑芝麻等。

艾叶净手，

五彩绕绳，

禅乐清心，

食五毒饼，

赏季节味，

得半日闲，

与君相约。

闻香，品食，喝茶，聊天……

蝉鸣先入闲人耳，夏至凉面最应时

吃过夏至面，
一天短一线。
红黄绿黑白的五色，
金木水火土的混搭。

黄瓜，顶花带刺的鲜

    顶花带刺的黄瓜，毛茸茸的。短胖的身材，翠绿的外衣，嫩绿的汁水，咬一口，脆生生的清凉。夏天的傍晚，院子里哼着小曲儿，空口嚼着黄瓜，蒲扇迎来送往，夏天就是这个味儿。

五色凉面

主料：面粉500克，水250克，油皮50克，黄瓜100克，木耳30克，香椿50克，胡萝卜100克，芥菜疙瘩50克。

配料：芝麻酱30克，竹盐3克，面粉适量。

做法：

1.把黄瓜、香椿、胡萝卜洗净；木耳、芥菜疙瘩泡好；油皮泡软。

2.将胡萝卜、香椿切末备用；黄瓜、木耳、油皮、芥菜疙瘩切丝备用；用少许竹盐调制芝麻酱。

3.凉面需要手工擀制，首先倒入500克面粉和250克清水，竹盐少许，搅拌成雪花片状。将面粉揉成面团，放到盘内静止20分钟，再次按揉，揉至均匀后再次静止30分钟。

4.把面团擀成圆形面片，在面片上撒上一层面粉，开始折叠，一层层折起来后开始切面，直至手擀面完成。

5.把煮好的面条放进凉水中过凉，捞出后沥干水分装碗，放入备好的配菜和芝麻酱。

小 暑

知了叫，瓜果笑

交节日：公历7月6/7/8日

诗说
SHI
SHUO

树上的知了，
热闹了夏天的傍晚。
小溪汩汩地流，
从瓜果的身上流淌而过，
浸水的篮子冰冰凉，
西瓜、黄瓜、西红柿，
都过上了最凉爽的夏。

梅雨霁，暑风和，高柳乱蝉多。
小园台榭远池波，鱼戏动新荷。
薄纱厨，轻羽扇，枕冷簟凉深院。
此时情绪此时天，无事小神仙。

——周邦彦《鹤冲天·梅雨霁》

夏·小暑

"倏忽温风至,因循小暑来。"小暑是夏天的第五个节气,表示夏季时节的正式开始。小暑三候,温风至,蟋蟀居壁,鹰始挚。

小暑、大暑是一年中最热的时候,两个节气有着紧密的联系,小暑是炎热的开始,而大暑则达到一年中炎热的顶点。到大暑的后期,炎热逐渐减弱。这个时节不仅温度高,湿度也非常大,因此有"小暑大暑,上蒸下煮"的民谚。

自小暑节气起,就要避暑了。避暑诗词中,柳宗元的这首颇为精妙:"南州溽暑醉如酒,隐几熟眠开北牖。日午独觉无余声,山童隔竹敲茶臼。"暑热醉如酒,伏案熟睡,北窗清风徐来,世界安静了,唯有竹林深处传来,轻击茶臼的亲切声音。

小暑在阴历六月,夏季的最末一个月,古称季夏,这个时节注重化湿,天晴时晒被子、晒衣物,饮食上可配藿香、苏叶、薄荷、西瓜、莲子、薏米熬粥,清热化湿,祛除湿邪。

在旧时,我国南方民间有小暑"食新"的习俗。"食新"是将新打的米、麦等磨成粉,制成各种面饼、面条,邻居乡亲分享来吃,表达对丰收的祈愿。同时,这些新货也要准备一份祭祀祖先。"天地者,生之本也;先祖者,类之本也。"天地是生命的根本,祖先是人类的根本,祭祖是一种传承孝道的习俗。

头伏吃饺子是我国北方的习俗,伏日人们食欲不振,往往比常日消瘦,俗谓之苦夏,而饺子在传统习俗里正是开胃解馋的食物。山东有的地方吃生黄瓜和煮鸡蛋来治苦夏,入伏的早晨吃鸡蛋,不吃别的食物。

| 杏子熟了，到处是生活的模样

　　6月的杏子，像极了红扑扑的脸蛋，带着暖暖的情绪，一入口就化成了甜。属于夏天的诗情画意，在热情的买卖中，由乡村向城市传递。此刻，有点想念外婆晒的杏子干，和家乡那片望不到边的杏林了。

　　初见这片杏园是一次偶然。这是一块冲破了院墙的土地，沿着农庄大院的边缘，一直延伸进山里。一路的杏树，一路红彤彤的果子，压得枝头低垂，红绿曼妙。人在园中行走，仿佛入了古人的画卷，白衣，斗笠，竹篮，人追云走，心随境幽，生活不闹不喧。

　　杏园农作，夏天的滋味在唱歌。

　　大连农家，这样的杏树，村里几乎家家都有。熟了的杏子，摘不完，滚落在地，铺得地上一片金黄。农夫们不曾叹息，却打动了我们这群偶尔下乡的小伙伴们。

　　于是，这次杏园农作之行，就在清风斜阳的一个午后开始了。悠闲的夏，是在树荫下开始的。日光明亮，树叶沙响。我们围坐在杏树下，一边饮茶、一边躲过正午的太阳。

　　陶炉生火，柴火燃得嘎嘎作响，煮沸的井水开始唱歌。看着火势，默默在心里谋划着，一会儿趁着炉火，煮一锅酸甜的杏子酱，把夏天的滋味装进罐子里，跟朋友们一起分享。

小院时光寂静，日子绵软悠长

杏树张牙舞爪，枝子忽高忽低，四处寻找太阳。见光的杏子最红，四五个串联在一起，摘得也快。五六个篮子，不一会儿就装满了。一筐筐的杏子，浸在井水里，反复用手揉搓，一股透心的清凉。暑热消退，烹饪的思绪也跟着来了，一半杏子煮酱，一半杏子晒干，小院儿里的烟火气一下子升腾起来。

七八个人，五六篮杏，满满当当的一下午。杏子酱好了，杏子干也摊进了簸箕。切了西瓜，斟满杏仁露，手撕面包，配着热乎的果酱，世外桃源一样的时刻，恰有山里的微风经过，不用太多的言语，只是坐着就好。

杏子干

主料：杏子2000克。

做法：

1.新鲜杏子洗净。

2.将杏子掰开两半，去核。

3.晾晒，至风干状态即可。

杏子酱

主料：杏子1000克。

配料：黄冰糖200克，柠檬半个。

做法：

1.新鲜杏子洗净。

2.将杏子掰开两半，去核。

3.根据个人口味加入适量的黄冰糖、柠檬。

4.加水，放入锅中小火熬制。

5.熬至果酱状态即可。

温风至，尝试一汤一饭的清凉自处

红果养心，

心静了，暑热自消。

一饭，一汤。

心想，柿成。

西红柿，表达爱的果子

　　最早，南美洲人把西红柿看作有毒的果子，但又欣赏其美貌，栽种在花园里。直到一位浪漫的英国公爵，用红果子来表达对情人的爱意，使"情人果"之称广为流传。一位法国画家，冒着生命的危险，品尝了它，也成就了它的世界美誉。

心想柿成

主料：西红柿1个，糙米20克，粳米50克，海苔1片。

做法：

1.西红柿洗好，糙米、粳米饭煲好，碎海苔备用。

2.西红柿蒂部朝上，取上三分之一横切，将底下一半挖出果肉待用。

3.把西红柿外壳装上糙米饭，倒上碎海苔。

大暑

热浪起，风动莲

交节日：公历7月22/23/24日

SHI SHUO 诗说

暑热袭来，

夜晚幻化成一片片的萤火，

轻罗小扇扑流萤，

这般情志，

限量于闲散的夏。

太阳升起，

莲花抬起羞涩的脸，

微风习习，粉红柔润。

千竿竹翠数莲红，水阁虚凉玉簟空。

琥珀盏红疑漏酒，水晶帘莹更通风。

赐冰满碗沉朱实，法馔盈盘覆碧笼。

尽日逍遥避烦暑，再三珍重主人翁。

——刘禹锡《刘驸马水亭避暑》

　　大暑，六月中，天热到极点，是夏天的最后一个节气，"绿树荫浓夏日长，楼台倒影入池塘"，说的就是亭台消夏的景象。

　　大暑三候，腐草为萤，土润溽暑，大雨时行。大暑迎接的是诗意之虫——萤火虫，待到轻罗小扇扑流萤，秋天就不远了。这个时节，因湿气积聚易招致大雨滂沱，大雨时行，以退暑热。

　　东汉刘熙的《释名》解释，暑是煮，火气在下，骄阳在上，熏蒸其中为湿热，人如在蒸笼之中。暑热时，人们以各种方式纳凉，"浮甘瓜于清泉，沉朱李于寒水"，都是夏天的乐趣。待暑雨初晴皓月中，芙蕖风动露珠倾，就该立秋了。

　　大暑时节，暑溽大汗淋漓。有关这汗，相传随老子出关、被道家称为"无上真人"的关尹在他的《关尹子·八筹》中说，"心悲物出泪，心愧物出汗"，暑热就是逼迫人类一年一度对天地万物做一次忏悔，大汗淋漓本是忏悔中的吐故净身，蒸发出积聚一年的体内污秽，干爽入秋。按《世说新语·言语》中魏文帝与钟毓、钟会对话的说法，战战惶惶，汗出如浆，战战栗栗，则汗不敢出。战战惶惶是惶惑，随自然激发汗流浃背；战战栗栗是惶恐，汗腺封闭，汗栗入内，就会中暑了。

海上，听夏

喜欢夏天独特的声音。

想听大海，浪花逐岸的狂奔；

想听晚风，翻山越岭，动情的抵达；

想听一寸寸靠近的阳光，

繁复人事在它的身体里，一点一滴地融化。

夏天是滨海城市的乐园。

伏天里，海边的聚会，游泳，踏浪，

像极了动人的音符，

那些叮叮咚咚碰杯的声音，

在风声海声的奏鸣中，

将我们温柔打开，思绪起飞，轻灵自在。

7月，总要有一次与碧海蓝天的相遇吧。

这些念想在脑海里蓄谋已久，

等待一次高纯度的邂逅与表达。

海蓝，云白，这一次的我们，

走进日光、月光，亲近山风、海浪，

把餐桌美学与这方天地一起调色，

将海蓝、云白，

清澈地投置于人间烟火，

于是清晰了，

此番"碧波之境"的模样。

从食物美学，到餐桌美学，

直至与自然共融共创的生活之美，

夏·大暑

梓萱一直探索的，
是将食饮之事与生活之美连接，
四时风物生烟火，天地大美揽清风。
食饮"碧波之境"，餐桌之上，
轻柔的白与蓝相互交织，
仿佛海与天的边界相拥，清凉又暧昧。
海风拂过桌面，
娇羞的雏菊、小飞燕，随风摆动身体，
华尔兹一样地倾斜、摇曳。
清透的玻璃杯盏，
在夕阳的轻抚下波光粼粼，
晃动交错之间，彼此清脆，
水花融进傍晚的雾气，
倒也多了些似是而非的柔软。

自从入夏，
我们煮绿豆，煮莲子，吃桃子，吃凉瓜，
坐在树下，咕嘟咕嘟，喝冷泡的茶。
把日子过出声响，
大概是迎接夏天最清凉的仪式感。
绿豆消暑，莲子清爽，马蹄薏米祛湿热，
轻尝一口，甘香四溢。
多少次来海边，记忆总会褪色，
但海的蓝、云的白一直在那边。
直至夕阳为"碧波之境"镶上了金边儿，
趁着朦胧夜色，就着茶和小点，
看群山清透自然，你我也自在如风。

清凉糕

主料：绿豆1000克，马蹄50克，吉利丁50克。

配料：柠檬半个，绵白糖20克。

做法：

1.绿豆加水煮烂后脱皮打成泥。

2.加入绵白糖搅匀，小火炒至微干。

3.加入马蹄拌匀后装入模具。

4.水中加入绵白糖煮化。

5.稍放凉后加入柠檬汁与吉利丁。

6.装入模具，冷藏一晚。

7.将两种凉糕一上一下组合食用。

莲子串

主料：干莲子300克，猕猴桃100克。

配料：黄冰糖100克。

做法：

1.干莲子泡8小时，去莲子心。

2.将泡好的莲子煮烂。

3.倒掉多余水分，加黄冰糖，小火加热。

4.不断翻炒至莲子泥变干燥柔软。

5.揉成圆形，加上猕猴桃穿成小串。

薏仁粥

主料：薏仁300克，水果丁100克。

配料：黄冰糖50克。

做法：

1.薏仁洗净，浸泡3~4小时。

2.放入电锅内加入适量水、黄冰糖。

3.煮熟后放凉。

4.盛入碗中，加上水果丁即可。

青瓜糕

主料：黄瓜450克。

配料：黄冰糖50克，豌豆淀粉100克，椰蓉适量。

做法：

1.锅中倒入清水。

2.放入黄冰糖，煮沸。

3.黄瓜洗净、榨汁。

4.取黄瓜汁与豌豆淀粉混合。

5.拌匀后缓慢倒入锅中。

6.搅拌至黏稠后装入模具，放冰箱冷藏。

7.翌日，取出、切块，撒上椰蓉即可。

| 大暑热浪起，你与清凉界只有一朵红莲的距离

莲花有四德，

　香，静，柔软，可爱，

　盘中有莲，

　心中清凉。

苦瓜，不传己苦与他物

　　树影蝉声，正是吃瓜好时节。传说中，苦瓜有种"不传己苦与他物"的品质，就是苦瓜与任何菜等同炒同煮，绝不会把苦味传给对方。所以，有人说苦瓜"有君子之德，有君子之功"，誉之为"君子菜"。

素心红莲

主料：苦瓜250克，紫薯250克。

配料：麦芽糖30克，睡莲1朵。

做法：

1.苦瓜、紫薯洗净，苦瓜切成片，将瓜瓤挖出。

2.紫薯蒸好，捣成薯泥并适量添加麦芽糖。

3.将紫薯泥酿在苦瓜片中，整体成饼状。

4.将苦瓜紫薯饼装盘，以莲花装饰。

◎立秋

◎处暑

◎白露

秋

◎秋分

◎寒露

◎霜降

立 秋

秋 风 起 ， 寒 蝉 鸣

交节日：公历8月7/8/9日

诗说

大雨过后，

秋风袭来，

寒蝉叫，露珠白。

古人常说露为虑，

草木感知凋零，

每到入秋便会忧虑，

露从今夜白，

月是故乡明。

昨日午时秋，西风夜转头。

吹来溪外雨，藏却树间楼，

暝带栖鸦色，凉催客燕愁。

一樽吟未了，衰鬓早飔飔。

——沈说《立秋》

立秋，秋天的第一个节气，标志着孟秋时节的正式开始。"早立秋凉飕飕，晚立秋热死牛"。七月节，暖阳明媚的半年已经翻过，清凉收获的半年正在到来。

立秋三候，初候凉风至；二候白露降；三候寒蝉鸣。大雨之后，凉风袭来。寒蝉鸣叫，露珠变白。东汉刘熙的《释名》解释露为"虑"，草木感知一年一度的凋零而忧虑。自然之物尚且如此，人的忧思更易感怀秋伤，"露从今夜白，月是故乡明"。

秋风送爽，天高云淡。白居易立秋作诗："袅袅檐树动，好风西南来。红缸霏微灭，碧幌飘飖开。披襟有馀凉，拂簟无纤埃。但喜烦暑退，不惜光阴催"。暑热退去，身心优哉。

对节气最敏感的是梧桐。立秋一到，它便开始落叶，正所谓"梧桐一叶落，天下尽知秋"。《花镜》上说：此木能知岁月。它每枝有十二片叶子，象征一年十二个月。如遇闰月，还会多长出一片。在院子里种上一棵梧桐，不仅能知岁月，还可能引来凤凰。"凤凰鸣矣，于彼高岗。梧桐生矣，于彼朝阳"。凤凰非梧桐不栖，所以古时宫里一定会有梧桐树。在宋朝，宫内是用梧桐来报秋的，待时辰一到，梧桐落下一两片叶子，太史官高声奏道："秋来了"。奏毕，讯息传遍宫内，而后天下皆知。

立秋是气候由热转凉的交接节气，阳气渐收，阴气渐长，人体阴阳代谢出现阳消阴长的过渡时期，万物开始成熟。秋季养生，凡精神情志、饮食起居、运动锻炼，皆以养收为原则。

| 碧瓜浮冰泉，甘露洒清心

暑热持续中，
古人用什么降温？

古人做学问跟着节气走，
内容也带着温度。
杜甫有"落刃嚼冰霜"，
孟浩然有"竹露滴清响"，

冰凉瓜，竹雨林，日子怎么过？食物如何吃？生活的智慧就在里面。
日光灼热，我们尽情感受初秋的真，而内心却是清凉的。
好好吃饭这件事，把秋日里的清凉风，荡开层层涟漪，吃到身体里。

食瓜之味，有颜有甜

古人食瓜，以西瓜最为仪式感。

"浮甘瓜于清泉，沉朱李于寒水"，西瓜从蔓上摘下，需浸入清凉之
水以激活，则瓜肉鲜美。瓜皮清凉可口，亦是入菜的上品。梓萱将西瓜的
"素肌"与"瓜瓤"剥离，创意出清新爽脆的节气之味。意趣丰盈、有颜
有甜的翠衣茶，特别调入黑糖，中和西瓜的寒性，平补身心。

翠衣茶

主料：西瓜皮500克。

配料：黄冰糖50克，黑糖50克。

做法：

1.将西瓜皮均匀切好入锅，加入黑糖、
　黄冰糖熬煮。

2.大火煮开后，小火煮5分钟左右。

3.过滤、放凉，倒入杯中即可饮用。

秋意悦心，静享清凉

立秋吃瓜，
又叫"咬秋"，
红瓤榨汁、白瓤腌菜。
除夏之暑气，
去秋之烦躁。

西瓜，红配绿的清甜

　　西瓜外皮是绿色，内皮是白色，瓜瓤是红色，每个部位都有自己不同的功效和作用，浑身是宝。清朝时，人们在立秋前一天把瓜、蒸茄脯、香糯汤等放在院子里晾一晚。立秋当日吃下，清除暑气，避免痢疾。

雪花翠衣

主料：西瓜皮400克。

配料：竹盐3克。

做法：

1.将西瓜白瓤切成薄片约200克，加竹盐腌制。

2.将腌制好的西瓜白瓤片摆盘，装饰即可。

处 暑

天 地 肃 ， 五 谷 丰

交节日：公历8月22/23/24日

诗说 SHI SHUO

秋风见肃，

万物迎来收成，

田里橙黄一片。

晴空万里，秋水明镜，

日光由热烈转为温柔，

瓜果们红了脸，

甜酸可口。

四时俱可喜，最好新秋时，

柴门傍野水，邻叟闲相期。

——陆游《闲适》

处暑，七月中。《月令七十二候集解》载"处，去也，暑气至此而止矣"，处是终止的意思，暑热到此时退去，阳气自然退位，阴气开始弥漫。处暑后，秋风见肃，万物迎来收成。秋之整肃，而后冬之修养，孕育新的萌生。

处暑三候：一候，鹰乃祭鸟；二候，天地始肃；三候，禾乃登。老鹰感知秋之肃气，开始大量捕猎，天地万物开始凋零，呈现萧瑟之气。禾指五谷，此时庄稼开始丰收，《礼记》中"愁之以时，察守义也"，认为整肃后才有收成，整肃就是审察是否守义的过程。

天高云淡，秋意冉冉，一年中最美的季节将至。"江城如画里，山晓望晴空；两水夹明镜，双桥落彩虹；人烟寒橘柚，秋色老梧桐"，李白在《秋登宣城谢朓北楼》中不仅描画出秋景，也写出了秋意，前有明镜、彩虹，后有寒橘柚、老梧桐，在一片广阔视野里，刹那间的感受让人悟到了什么是秋。

宋玉在《九辨》中写道"悲哉，秋之为气也，萧瑟兮，草木摇落而变衰"，这是中国文学史上"悲秋"主题的发端。而杜甫的"万壑树声满，千崖秋气高"，树声为悲，悲声越满，天越孤高，就是"天若有情天亦老"的意思了。

春困，秋乏，都是自然引发的现象。处暑气候由热转凉，自然界阳气开始收敛，人体内的阴阳之气也随之转换，节气饮食应滋阴润肺，少辛多酸。

| 八珍糕，喜提人间好胃

古人云：守恬淡以养道，薄滋味以养气。早秋养气，宜清淡素养。以清净之身，赴澄澈之秋，心境也如好天气般开阔疏朗。雨后之秋，美得光影暧昧。对风，叶子飞舞盘旋，时而迎光，时而幽暗；对月，云走得急，月盘忽明忽暗，盈缺难辨。此时，人的身体，亦如秋色暧昧不清。以为秋风击退了暑热，却易忽略"上有烈日，下有雨湿"的湿热交织。

早秋食养，养的是脾胃之和。祛湿热，脾胃和，既是对夏季耗损的弥补，也是秋冬贮存体能的蓄力。

清淡素养，早有古法可寻。"清宫第一糕点"的八珍糕，被慈禧太后誉为糕点中的上上品，也是最好吃的"脾胃补药"。党参、白术、茯苓、芡实、薏米、白扁豆、淮山药、莲子，梓萱遵循古方，以八珍研磨成粉炒制成糕。糕点甘香可口，配以淡茗，更是滋味悠长。邀上三五好友，赏秋，啜饮，食糕，岂不快哉。

中医认为，脾胃为后天之本。八珍糕作为经典的古代验方，日常食用，能健胃消食、补脾除湿、宁心安神，

古法八珍糕，乾隆皇帝吃了40年。据《上用人参底簿》记载：八珍糕，乾隆皇帝经常服用，如糕饼用完了，就御笔朱批快快赶制，并嘱咐太监"每日随着熬茶时送八珍糕"。

乾隆为何如此依赖八珍糕？传说明代御医陈实功，曾用这道点心治好了皇帝的胃疾，并将这仙糕的方子记入《外科正宗》，还说：服制百日，轻身耐老，壮助元阳，培养脾胃，妙难尽述。

清淡制糕 甘而不腻

八珍糕中，八道食材皆为健脾、祛湿、益气的好手。

党参：补中益气，性平，最能滋补脾胃。

白术：健脾益气，燥湿利水，守而不走。

茯苓：祛湿，上升脾阳。

薏米：祛湿，下降内火。

芡实：固肾涩精、补脾止泄。

淮山药：健脾补肺、固肾益精。

白扁豆：和中健脾，消暑化湿。

莲子：清心醒脾，安神明目，补中养神。

八珍糕是药膳，也是可口的茶点，也难怪成为帝王养生之爱了。

八珍糕

主料：党参25克，白术25克，茯苓25克，芡实50克，薏米50克，扁豆50克，淮
　　　山药50克，莲子50克。

配料：糯米粉150克，植物油20克，绵白糖100克。

做法：

1.党参、白术、茯苓、芡实、薏米、白扁豆、淮山药打成粉。

2.干莲子浸泡去心。

3.将打好的粉与莲子一同放入压力锅，加水煮至成泥。

4.热锅，放油，将煮好的泥入锅翻炒，加绵白糖炒制成团。

5.将面团放凉后分成小份，撒适量糯米粉，压模成糕即可。

| 雨后清秋来，沉醉于一碗白玉的款待

食在秋日当从轻，
身体轻，心亦轻。
白玉萝卜搭配青红彩椒，
素雅中的一抹惊艳。

萝卜，蔬中最有利者

白萝卜，身材白胖，细嫩可口，《本草纲目》称之为"蔬中最有利者"。入秋的白玉萝卜，肉质肥厚丰润、清甜爽口，食疗可促进消化，生吃更利于消除咳嗽痰多、咽喉不爽的症状。

白玉素锦

主料：白玉萝卜500克，青红彩椒各200克。

配料：竹盐5克，香油5克，果蔬粉3克，黄冰糖5克。

做法：

1.将白玉萝卜、青红彩椒洗净备用。

2.白玉萝卜去皮，切丝；青红彩椒去蒂、去子切成细丝。

3.将切好的白萝卜丝均匀撒上竹盐，静置20分钟左右。

4.将腌制好的萝卜丝过水后挤去水分，加入果蔬粉、黄冰糖拌匀、塑形，摆盘。

5.将萝卜丝淋上香油，撒上青红彩椒细丝。

白 露

露珠白，梨水丰

交节日：公历9月7/8/9日

秋风扶芦苇，

清露渐变白。

燕子南飞，

掠过调色盘一般的大地，

赏尽拙朴气象。

梨子黄，梨水丰，

山坡上秋光正好。

白露团甘子，清晨散马蹄。

圃开连石树，船渡入江溪。

凭几看鱼乐，回鞭急鸟栖。

渐知秋实美，幽径恐多蹊。

——杜甫《白露》

太阳自夏至后一路向南，到达黄经165度时，即阳历的9月7日前后，连迟钝的人都能感觉到天气的变化了。天气转凉，温度降低，水汽在地面或近地物体上凝结而成水珠。阴气逐渐加重，清晨人们可以在地面草木间看到白色的露珠，这个节气即为白露。《月令七十二候集解》："八月节……阴气渐重，露凝而白也。"

白露三候，一候鸿雁来；二候元鸟归；三候群鸟养羞。鸿雁与燕子南飞避寒，寻找生机；百鸟纷纷储食准备过冬，如藏珍馐。

北方仲秋时节少有桂香，但古老的仲秋茶席常以桂为主题，肉桂和具有桂花香的凤凰单丛，便是茶席中的主角。肉桂，又名玉桂，清代就有记载，"奇种天然真味好，木瓜微醾桂微辛"，蒋衡的《茶歌》指出了肉桂的香气新锐。凤凰单丛的桂花香味因常年与周围的桂树共饮雨露而来。这两款茶都与"桂"有着或近或远的关系。

《尔雅》称，农历八月为"壮月"，农历七月是阴极，到八月阴阳关系变了，阳初生，古人的思维是初生为"壮"，待到"大壮"，就是来年二月惊蛰，遍地阳气了。

秋日早起，已感凉入衣袖的清爽。秋气为白，天色越来越浅，地气越来越浓。白居易诗："八月白露降，湖中水方老。且夕秋风多，衰荷半倾倒"，秋水天长，白居易用"老"字来形容水色变深、变厚，大地已成为自然的调色盘。

| 野间趣，花下茶，捉秋

秋天是个好恋人，

秋天的每一寸贴近，

都能用皮肤清晰的感知。

风的温度，雨的飒爽，草木微微的干……

这个时节，

一想到野外的亲肤感，

心就痒痒，

如果能遇到一块草地、一片花，

人潜进去什么都不想，

一壶茶，一篮果，

配着秋的好天气，

什么都不用做就觉着浪漫。

大自然是最好的恋人，

每时每刻给我们不一样的新鲜感，

何不用力去拥抱呢?

在秋天的这个下午，

朝着一片未知的山野出发了。

被一片野菊拥抱，

下午，天空长出了棉絮云。

太阳在云之上，偶尔露个头洒下温和的光，

云被光驱赶着，天色格外清亮。

嚯！遇到了路边的花海，

好一片热火朝天的野菊。

大片的菊花海就像秋天伸出的小手，

路过它们，

小手们会热情地挽住你，

摩擦着你的衣襟，

把秋天独有的热度传递给你。

心一下子就软了，

跌进童话里，

与花儿们融合成一片。

大自然的治愈总是存在一种魔力，

把静而向阳的情绪灌进你的身体里。

茶事化开心事，

保温瓶里的开水还烫着，

玻璃壶预先放进了菊花、甘草，

开水冲进去，腾出一团热气。

喝一口，把微凉的秋风挡在体外，

身体暖暖的，

心事也化开了。

正如人间三千事，茶间淡笑之。

小盘里装了冬枣，

一颗颗汁水饱满，沁入心脾的甜。

每日几颗，提高免疫、软化血管，

是秋天里很好的茶间小食。

秋天的颜，

就像被油画师涂抹在石榴上，

红橙黄的配色，惹人不得不多看几眼，

石榴剥开更是好吃好看，

谈笑间嚼上几颗，

入口爆汁，温润解渴，清热活血。

静下来与自己聊，

山野处，

草木翁郁，山幽风清。

一人得清净，

两人得悠闲。

人间杂念不用刻意去抛，

随风就散了。

直到，

秋风落了，晚霞出门，

天空渐渐露出了微蓝。

看雾气升腾，

爱让万物归位，

一个美好的秋夜来了。

天凉景物清，白露汤已好

一碗看似简单的汤，

甜甜酸酸，

润肺解燥，

顺五行理论，

合天地之气。

雪梨，柔嫩白如雪

肉嫩白如雪，汁液甜如蜜，雪梨看似平淡，却是平日里离不开的甜酸滋味。秋燥不是多喝水就能解决的，要把水转化成体内的津液，干燥才能真正化解。雪梨润燥，入汤香气更浓。

润燥白露汤

主料：雪梨1个，嘎啦苹果1个，银耳10克，甜杏仁10克。

配料：红枣5颗，黄冰糖10克。

做法：

1.雪梨、嘎啦苹果、甜杏仁洗净备用。

2.将雪梨和嘎啦苹果去皮、去核，切成小块。

3.银耳凉水泡发、去蒂，红枣去核，切块。

4.汤煲内加入适量水，将所有材料放入，大火煲开后转小火，待1小时左右，
  汤品即可出锅。

秋　分

昼夜平，丹桂香

交节日：公历9月22/23/24日

SHI SHUO 诗说

秋分这天，

将秋天裁成两半，

雷声收，燕飞走，

月光如水凉，

篱外菊花黄。

山林间光影戏谑，

严霜将树叶染黄。

转缺霜输上转迟，好风偏似送佳期。

帘斜树隔情无限，烛暗香残坐不辞。

最爱笙调闻北里，渐看星漾失南箕。

何人为校清凉力，欲减初圆及午时。

——陆龟蒙《中秋待月》

　　秋分，将秋天裁成两半。到了这日，90天的秋季已经过半。秋分昼夜平分，之后阴气逐渐占为上风，雷声收，燕飞走，夜越来越长。"庭前丹桂香，篱外菊花黄。昼夜平分后，月光如水凉"此时的秋风是凉爽宜人的。

　　秋分三候：一候雷始收声；二候蛰虫坯户；三候水始涸。古人认为，雷因阳盛而发声，秋分后开始阴盛，所以不再打雷了。天气变冷，蛰居的小虫开始藏入穴中，用细土将洞口封起来以防寒气侵入，准备冬眠。此时降雨量开始减少，天气干燥，水汽蒸发，湖泊与河流中的水量变少，一些沼泽及水洼处便处于干涸之中。

　　秋分时节，天空蔚蓝，秋阳灿烂，既有瑟瑟的风，也有辽阔的云，一丛秋草，揭秘秋的底蕴。秋的颜色是绚烂的，刘禹锡在《秋词》中说道，"山明水净夜来霜，数树深红出浅黄"，山林间光影戏谑，寒风、严霜将树叶变黄、染红，轻叹着，随风飘落。

　　郁达夫在《故都的秋》里写道，"早晨起来，泡一碗浓茶，向院子一坐，你也能看得到很高很高碧绿的天色，听得到青天下驯鸽的飞声。从槐树叶底，朝东细数着一丝一丝漏下来的日光。"

四 季 风 物

秋天是金色的。

比如麦浪，

再比如地里金黄的南瓜，

圆滚滚的饱满，像极了丰收的样子。

南瓜金糕，

我们用它搭配暖暖的桂花饮，

南瓜糯米的外衣，

裹上绿豆莲子的绵软馅料，

咬一口，仿佛被浓郁秋色的浸润，

被金色的风景甜出一个微笑。

秋风送桂香，

带着温暖的气息，

为初秋的降温带来第一道抚慰。

我们用半开的桂花晒干，

一小把桂花，一勺桂花蜜，几朵菊花，

沸水冲入，一缕甜丝丝的野味，

随着蒸汽缓缓四散，

再泡一会儿，

桂花的灵动之香也充分了，

一杯暖胃的：桂花天香饮，

为你送上。

| 给皮肤喝汤，尝一道白露秋风里的甜

素秋水云天

秋风至，闲云游，万籁俱清。水、云、天，忽然分明，不再相互追赶。我们也可以静下来，闲坐吃茶，犒赏味蕾，等待秋风，把金色的心情收割。

金黄色的甜

秋天是金色的，地里金黄的南瓜，圆滚滚的饱满，像极了丰收的样子。金黄色的食物健脾养胃，是季节的馈赠，是冬季来临之前的温和滋养。南瓜金糕，南瓜糯米的外衣，裹上绿豆莲子的绵软馅料，咬一口，仿佛被浓郁的秋色浸润，被金色的风景甜出一个微笑。

南瓜排毒护胃，补中益气，脾胃为后天之本，它强壮，五脏六腑也有了精气神儿。

南瓜金糕

主料:南瓜300克, 澄粉30克, 糯米粉200克, 粘米粉70克, 干莲子10克, 绿豆50克。

配料:绵白糖5克, 竹盐3克, 植物油5克。

做法:

1.干莲子、脱皮绿豆隔夜浸泡。

2.莲子去心, 与绿豆一同蒸熟、打成泥。

3.热锅放油翻炒莲子绿豆泥, 加绵白糖、竹盐调味。

4.把炒好后的馅料放凉备用。

5.南瓜去皮, 蒸熟、打成泥。

6.澄粉加入少量开水烫熟, 揉匀。

7.加入南瓜泥、糯米粉、粘米粉。

8.用粘米粉调整面团的湿度, 揉匀成糕皮。

9.17克糕皮包8克馅料, 包好压模。

10.开锅后蒸8分钟即可。

蔬食
SHU SHI

秋溪明月俱澄澈，又到金玉团圆时

金木水火土，

五种食物，

相聚相生，

寓意收获幸福美满。

阳光用它的画笔，为南瓜披上了金灿灿的外衣，福气的外表，总是让它很讨喜。个头大，性格温，既做得了主食，又烹得了菜品，柔软甜糯，益心收肺，补中益气。

金玉福满

主料：小南瓜1个，红、黄彩椒各100克，鲜香菇50克，白玉菇50克，有机发芽糙米30克。

配料：竹盐3克，茶油20克。

做法：

1.所有主料洗净备用；南瓜切去瓜顶，去瓤待用。

2.水开后将南瓜放入笼屉中蒸15分钟。

3.将彩椒、香菇、白玉菇切丁；有机发芽糙米蒸成米饭。

4.锅中放入少许茶油，小火低温放入香菇、白玉菇、竹盐翻炒至略干。

5.加入有机发芽糙米饭，继续翻炒出香味，再加入彩椒丁出锅。

6.把炒好的糙米饭放入蒸好的南瓜盅，以花材摆盘装饰。

寒露

雾雨寒，山绚烂

交节日：公历10月7/8/9日

秋风袅袅，

光影清浅，

红叶黄花渐染。

溪水寒，草木萧瑟，

唯岸边菊花开得正艳，

染得自然，

一片绚烂。

女萝覆石壁，溪水幽濛胧。

紫葛蔓黄花，娟娟寒露中。

朝饮花上露，夜卧松下风。

云英化为水，光采与我同。

日月荡精魄，寥寥天宇空。

——王昌龄《斋心》

　　寒露，露气寒冷，将凝结也。万物随寒气增长，逐渐萧落，这是热与冷交替的季节。秋雨，凄寒；秋花，绚烂。秋的脚步，在冷风中蹒跚。"寒寒树栖鸦，露露水中花。浅井泛皎月，静秋知天涯。"

　　寒露三候，一候鸿雁来宾；二候雀入大水为蛤；三候菊有黄华。自白露节气开始，鸿雁南飞，此时为最后一批，古人称后至者为"宾"。鸟雀入大海化为蛤蜊，飞物化为潜物。草木皆因阳气开花，唯独菊因阴气而绽放，秋季开得艳丽缤纷。

　　一夜秋风起，空气中添了几分寒意。眼前，梧桐叶渐落，耳畔，山间一脉溪。这一季的晚秋，清浅，静谧。寒露后，秋暮沉沉，秋雾渐起。柳宗元的"蒹葭渐沥含秋雾，橘柚玲珑透夕阳"，正是秋意浓时的美好景象。王安石的"新霜浦溆绵绵净，薄晚林峦往往青"，更是道出了寒露之后的秋之素白澄澈。

　　秋风袅袅，光影清浅，红叶黄花渐染。自古秋为金秋也，肺在五行中属金，故肺气与金秋之气相应，"金秋之时，燥气当令"，秋季养生以滋阴润燥为宜。

野餐便当，是山野在召唤

新鲜的果蔬，会把人的胃和心都带进蜜罐里。

10月，望着澄澈的天，仿佛听到了山野的呼唤。梓萱提着篮子，载满了果蔬，备好了热茶，简简单单地出游了。铺开野餐垫子，打开大大小小的便当盒，里面盛满了灿烂秋天的味道。

秋霜重，柿子红。碧叶丹果，像一串串的小灯笼，挂在树梢。梓萱说，秋天食柿、赏柿都是风雅之事，浓重的金黄色，入口，甘之如饴；入眼，秋影疏朗。

从与山野共聚，到与山野共赏，最后回归到与山野共餐。这些简单易做的柿子盅、秋味沙拉、柿子饭团……当打开便当的那一刻，也就确认了幸福的眼神。

简单易做，灿烂的幸福感。

金玉柿子盅

主料：黄金小南瓜200克，柿子150克。

做法：

1.把黄金小南瓜清洗干净。

2.从顶端切开，用小勺挖出内瓤。

3.水开后上屉蒸15分钟，取出放凉备用。

4.把熟透的柿子去皮，用料理机打成柿泥。

5.把制作好的柿泥装入蒸好的南瓜盅即可。

秋味沙拉

主料：胡萝卜10克，柿子80克，西蓝花80克，菜花80克，西红柿150克，黑豆苗50克。

配料：竹盐3克，植物油5克，有机糙米醋5克。

做法：

1.将所有主料洗净备用。

2.把柿子、西红柿、胡萝卜切片。

3.把西蓝花、菜花分成小朵。

4.水中加竹盐、植物油，烧开。

5.放入切好的胡萝卜、西蓝花、菜花。

6.煮约2分钟后取出过凉。

7.将所有处理好的主料加竹盐、香油、有机糙米醋调成的汁拌匀。

天高昼暖夜来凉，寒露桂花藕羹汤

桂花与莲藕，

皆是时令之味，

在微寒的秋季，

温暖家人的胃。

莲藕，秋藕最补人

　　荷莲一身宝，秋藕最补人。秋天正是鲜藕大量上市的时节，天干物燥，多食莲藕养阴清热、润燥止咳、清新安神。莲藕又称白茎，还可养血。咏荷诗中说：身处污泥未染泥，白茎埋地没人知，生机红绿清澄里，不待风来香满池。

桂花莲藕羹

主料：莲藕500克。

配料：干桂花10克。

做法：

1.取莲藕1节，洗净、去皮，切成块。将切好的莲藕块放入水中，以防氧化变黑。

2.将莲藕块放入榨汁机中，榨成莲藕汁。

3.将莲藕汁倒入锅中，加适量水，中火慢慢加热后，转小火慢熬。莲藕汁变化
  很快，需要不断搅拌，直到莲藕汁逐渐黏稠。

4.将莲藕羹盛入碗中，撒上干桂花，香甜的桂花莲藕羹就做好了。

霜　降

霜花白，月影新

交节日：公历10月22/23/24日

草木黄，

叶飘零，

动物储存能量，

准备着冬眠。

天地之间，一派萧索。

衰败有时，而后复燃。

切勿悲叹，

一切规律尽在自然。

时逢秋暮露成霜，

几份凝结几份阳。

荷败千池萧瑟岸，

棉白万顷采收忙。

——佚名《霜降》

霜降，秋季的最后一个节气，天气渐冷，水汽凝结成霜，也意味着冬天即将开始。陆游在《霜月》中写道，"枯草霜花白，寒窗月新影"，据古人观察，寒霜出现于秋季晴朗的月夜。

霜降三候：一候豺乃祭兽；二候草木黄落；三候蛰虫咸俯。霜降当日猎杀豺狼陈列，古人说是"祭秋金"，也是别秋的一种仪式。冬天即将来临，草木枯黄，树叶飘零，动物开始准备冬眠。

从字面意思来看，霜降的霜似乎是从天上降下来的。古诗中出现霜时，常常也是用"降"的。比如汉代张衡《叹》中有"繁霜降兮草木零"的句子，唐代王建诗中说"霜降夕流清"，宋代叶梦得诗中说"霜降碧天静"等，都是这个意思。

霜降前后，气温骤降，"草木初黄落，风云屡阖开。儿童锄麦罢，都里赛神回"，诗人写到了草木凋零，天地之间一派萧索。而诗句并未完结，诗人还要告诉大家不要悲观，盛衰是自然规律，有衰败就会有"复燃"之时，于是又有了下阕，"鹰击喜霜近，鹤鸣知雨来。盛衰君勿叹，已有复燃灰"。

伴随霜降节气，自古就有许多民间活动。古有"霜打菊花开"之说，所以登高山、赏菊花，也就成为霜降这一节令的雅事。南朝梁代吴均的《续齐谐记》上有记载，"霜降之时，唯此草盛茂"，因此菊被古人视为"候时之草"，成为生命力的象征。霜降正是秋菊盛开的时候，我国很多地方在这时要举行菊花会，赏菊饮酒，以示对菊花的崇敬和爱戴。

霜降时节，养生保健尤为重要，民间有谚语"一年补透透，不如补霜降"，足见这个节气对人们的影响。秋季末尾，阴气将旺，宜减苦增甘，补肝益肾，助脾胃、养元和。

秋季热饮，入心之暖

一到霜降，秋就深了。

食物带来的暖，比柔软的厚毛衣来得更加妥帖，它们变成胃里的小太阳，为更好的你不断释放着能量。

每一餐，都是对身体的温柔滋养。用家门口菜市场就能买到的食材，简单操作的烹饪方式，把每个季节里比较家常的进补食物，以简单的方式做给家人。愿我们用每一顿的饱足与幸福，来抵御寒冷的季节，驱赶艰辛，快活成长。

清早逛农市，几分钟的工夫，梓萱的菜篮就满了。

一筐核桃，她说"这些将成为秋天最好的饮料"。

一杯营养的核桃露，是许多家庭的早餐必备。梓萱希望大家告别成品罐装饮料，亲手为家人煮一锅天然核桃露，让这颗健脾养神、补血润肺的"长寿果"，发挥出它真实的效用。

核桃露

主料：核桃仁100克。

配料：黄冰糖20克，竹盐2克，水500克。

做法：

1.将核桃和水一起放入料理机中搅拌，直至成为细腻的核桃浆。

2.把核桃浆放入锅中熬煮。

3.加入适量的水、黄冰糖、竹盐，煮10分钟左右。

4.过滤后即可。

核桃中的不饱和脂肪酸能为身体提供多种营养，

有助于提高血清蛋白，降低胆固醇，防止血管硬化，

还可以补肾、健脾、安神、润肠。

南瓜酥饼

主料：贝贝南瓜500克。

配料：绵白糖15克，竹盐适量，植物油70克，中筋面粉180克，水适量。

（以上为8个南瓜酥饼的备料）

做法：

1. 制作酥饼油皮：中筋面粉110克、植物油30克、绵白糖10克、水55克，混合搅拌揉搓，用保鲜膜包好备用。

2. 制作酥饼油酥：中筋面粉70克、植物油35克，混合搅拌均匀备用。

3. 制作酥饼馅料：南瓜去皮，蒸熟、捣泥，根据口味加入植物油、绵白糖、竹盐，翻炒至微干备用。

4. 将油皮、油酥、馅料称重分割，每个油皮25克、每个油酥13克、每个馅料18克。

5. 用每个油皮包裹每个油酥做成饼皮，将其擀成牛舌状卷起，以此重复两次，将饼皮做好。

6. 用饼皮包裹备好的南瓜馅，微微压扁放入烤盘。

7. 烤箱175℃预热，南瓜酥饼进烤箱烤20分钟左右即可。

┃ 自制甜糯山药糕，秋暮胜春朝

春吃花，秋吃果，
助脾胃，养元和。
红豆配山药，
健脾益胃，养心除烦扰。

益肾气，润皮毛。

　　健脾最好的食物之一便是山药，《本草纲目》记载：益肾气、健脾胃、润皮毛。山药块茎肥厚多汁，又甜又绵，且带黏性，凉拌热食都是美味。山药入菜首选淮山药，质地细密，滋润效果更好。

红豆山药糕

主料：山药300克，红豆50克。

配料：黄冰糖8克。

做法：

1.红豆提前浸泡一晚，让其充分泡发。

2.山药洗净，切成小段，蒸15分钟。蒸熟的山药放凉后去皮，用石臼压成泥。

3.把红豆放入汤锅中，加入适量水，大火煮开后转中火继续煮20分钟。

4.小锅加入黄冰糖和水，中火不停搅拌，直至熬成黏稠状的糖浆。

5.将煮好沥干的红豆均匀裹上糖浆，不仅增加红豆甜味，还可增加黏性。再将
  红豆倒入山药泥中，均匀搅拌。

6.取小份红豆山药泥，用模具塑形，软糯甘甜的点心就做好了。

◎立冬

◎小雪

◎大露

◎冬至

◎小寒

◎大寒

立 冬

水 始 冰，万 物 藏

交节日：公历11月7/8日

秋尽时，冬就来了。
五彩缤纷化成素净的白，
水开始结成冰，
大地渐渐冻结。
农作物已经收晒完毕，
动物们也都藏了起来，
准备冬眠。

吟行不惮遥，风景尽堪抄。
天水清相入，秋冬气始交。
饮虹消海曲，宿雁下塘坳。
归去须乘月，松门许夜敲。

——释文珦《立冬日野外行吟》

立冬，冬季的第一个节气。立，"建始"的意思；冬，《月令七十二候集解》的解释是，"冬，终也，万物收藏也"，秋季作物全部收晒完毕，收藏入库，动物也已藏起来准备冬眠。立冬表示冬季开始，万物收藏，归避寒冷。《立冬》诗云："北风往复几寒凉，疏木摇空半绿黄。四野修堤防旱涝，万家晒物备收藏。"

立冬三候：一候水始冰；二候地始冻；三候雉入大水为蜃。立冬节气，水已经能结成冰，土地也开始冻结。蜃为大蛤，古人认为雉到立冬后就变成大蛤了，海市蜃楼也是大蛤吐气而成。

李白诗《立冬》："冻笔新诗懒写，寒炉美酒时温。醉看墨花月白，恍疑雪满前村"，一个暖炉，一壶美酒，眼前是月光或是白雪，都藏不住秋冬时节的思乡之意。

"落水荷塘满眼枯，西风渐作北风呼。黄杨倔强尤一色，白桦优柔以半疏"，在"荷塘满眼枯"的秋尽之时，迎来"北风呼"的初冬脚步。立冬开始才有西北风，西北风还称"不周风"，"西北不周，方潜藏也"，在潜藏中初始，西北风也是对春风的孕育。

《素问》中指出，"冬三月，此谓闭藏，水冰地坼，无扰乎阳，早卧晚起，必待日光"，古人是说，冬季养生，要顺应避藏，让身体中阳气潜藏，避寒藏暖，就要早卧晚起。"冬夜伸足卧，一伸俱暖"，暖被中，尽是温柔乡。

| 真味好汤还需真料来熬

真味源自手工

入了秋冬，为家庭餐桌上的日常滋补，献上热气腾腾的一碗热汤。

依照现在的烹调习惯，工业预制调味料简单快捷，已是许多家庭的调味首选。然而，真滋味源自真食材，梓萱手工熬制的鲜美素高汤遵循传统，固守"好味+滋补"的冬季饮食之根本，倡导用真实的食物，来烹制营养的调味高汤。

10种食材成就2款高汤

在快时代里做慢功夫，梓萱精选10种天然蔬食，熬制出两款鲜蔬高汤，冷冻成块，使用方便，适合清炒、红烧、炖汤等家常菜品的烹制。既能提升菜肴的鲜香口感，又能满足秋冬蔬食进补的营养需求。

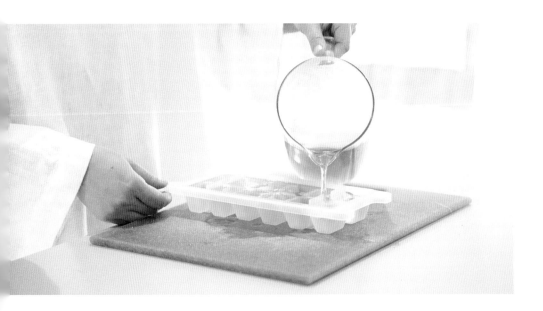

什锦蔬菜高汤

适合：烹调清淡汤品或清炒

主料：绿豆芽600克，鲜香菇300克，圆白菜250克，芹菜100克，胡萝卜皮75克，
    白萝卜皮75克。

配料：生姜5克，水5升。

做法：

1.将以上食材洗净后放入锅中，大火开锅后转小火煮约1小时。

2.将所有食材过滤掉，只留下高汤，倒入冰格冷冻即可。

海带香菇高汤

适合：烹调浓汤或红烧

主料：干香菇30克，海带20克，腌渍梅子1颗。

配料：水2升。

做法：

1.将干香菇洗净，海带用湿布擦拭干净，一起放入碗中，加水和腌渍梅子浸泡半天。

2.将食材倒入汤锅，大火煮开后，以中小火再煮半小时左右。

3.过滤后只留下高汤，倒入冰格冷冻即可。

素高汤让烹饪更轻松

　　热爱生活之事，总是值得我们付出足够的耐心，以真材实料对待每一餐饭、每一碗汤，并且通过提前的准备，让日常烹饪变得更加简单。在周末的时候，备好什锦蔬菜高汤、海带香菇高汤冷冻，那么即使处于工作日的繁忙，也能在半小时左右，烹出营养可口的蔬食菜品，以实实在在的用料，犒劳全家的味蕾。

　　梓萱用素高汤烹出的什锦暖胃锅，是适合冬日家庭餐桌的暖胃之选。

什锦暖胃锅，冬天里的一片温柔乡

新鲜的蔬菜，

搭配纯正的日本味噌，

以砂锅炖煮，

暖胃又暖心。

白菜，最质朴的家常味

到了冬天，家家都离不开的蔬菜就是白菜。一颗一颗，摆得整齐，存储在仓库里，成了冬天里的一道特殊风景。熘白菜、炖白菜、凉拌白菜，这些质朴的家常菜，都从鲜嫩的白菜而来。

什锦暖胃锅

主料：白菜500克，山药100克，白萝卜100克，胡萝卜100克，豆腐150克，香菇
　　　50克，白玉菇50克，西蓝花100克，芽菜50克。

配料：日本味噌30克，香油5克，素高汤500克。

做法：

1.将白萝卜、胡萝卜、山药等去皮、切块，将西蓝花去梗、切小朵，将香菇、
　豆腐切小块，备用。

2.将素高汤放入锅中煮沸，放入味噌，充分搅匀。

3.依次放入白萝卜、胡萝卜、山药、豆腐、白菜、香菇等食材，转小火，盖上
　锅盖，煮约15分钟。

4.最后放入西蓝花，续煮5分钟，关火前加入芽菜、香油即可。

小 雪

风未喉，寒尚轻

交节日：公历11月21/22/23日

诗说
SHI
SHUO

云暗初成霰点微，
旋闻萩萩洒窗扉。
最愁南北犬惊吠，
兼恐北风鸿退飞。

—— 释善珍《小雪》

花雪随风不厌看，
更多还肯失林峦。
愁人正在书窗下，
一片飞来一片寒。

——戴叔伦《小雪》

小雪，冬天的第二个节气。《月令七十二候集解》载，"十月中，雨下而为寒气所薄，故凝而为雪。小者未盛之辞"。小雪期间，天气寒冷，降雨转为降雪，但雪量不大，故为小雪。小雪是反映天气现象的节气，古籍《群芳谱》中解释："小雪气寒而将雪矣，地寒未甚而雪未大也。"

小雪三候：一候虹藏不见；二候天气上升地气下降；三候闭塞而成冬。由于天空中的阳气上升，地中的阴气下降，导致天地不通，阴阳不交，虹藏而不见，万物失去生机，天地闭塞而转入严寒的冬天。

这个时候，自然界阳气趋于潜藏，万物活动趋向休止。人与天地相应，随着气温逐渐下降，人体气血由外向里收敛，精、气、神趋向伏藏。冬是一个静养藏守的季节，有效的休息是这个季节调养的重点。

小雪也叫初雪。小时候，每个冬天都盼望着第一场雪何时来，一片片晶莹剔透的雪花飘洒下来，浅淡到似有若无。同小伙伴们追着雪跑，伸出手等雪落在掌心，可没来得及看清它的样子，它便化了。

雪带给世界的品质是纯粹和留白。在冬季万物潜藏的时空里，充分展现了它独有的特质，一夜之间化万物于无声，映入眼帘的唯有一望无际的纯白。雪极具生命力，这也是它带给人间的启示，人人皆可表露自性如雪般的品德，一片赤诚，不畏严寒。

| 三份料一杯膏，锁住身心的温度

小雪节气，天气转凉，雪花悠然而至，我们也缓缓迈入冬天。如何越冬？人要温养。越是寒冷，越要守住内心的温热，对喜欢的事物保持主动，心热起来，身体里的温暖才会随之流动。

冬日食养，梓萱手工熬制了大补气血的玉灵膏，每日晨起，热水冲服，一杯热气腾腾、甘润甜香的玉灵水，严冬里给自己身体一个暖暖的拥抱。

玉灵膏为食养古方，出自清朝名医王士雄的《随息居饮食谱》。膏方由龙眼肉、西洋参、绵白糖组成，用料简单，容易操作，全方均为食物级进补，是安全的气血双补之剂。

　　玉灵膏以龙眼肉为主要食材,《神农本草经》称龙眼为"益智果",龙眼肉补心脾、益气血,安神益智,入口香甜,老少皆喜。但龙眼肉甘温,多食容易上火,加入凉性的西洋参,补气养阴,两者搭配,则食性调和。俗话说"南方桂圆北方参",于是,玉灵膏又被称为"代参膏",是冬季日常进补的稳妥之选。

　　"夏天时手是热的,可刚入了冬,手脚统统冰凉,怎么办?""工作思虑过度,年底操心过多,到了夜晚,翻来覆去,无法安眠,怎么补?"

　　三种食材一杯膏,补气血,益心脾,安神智。

玉灵膏

主料：龙眼肉250克、西洋参15克。

配料：绵白糖15克。

做法：

1.将龙眼肉洗净，沥干，捣烂，西洋参打成粉，两者与绵白糖一同拌匀。

2.把拌好的料放入紫砂密封罐内，盖好。

3.将紫砂罐放入装好水的锅中，水不要没过罐，盖上锅盖。

4.大火烧开后转小火，蒸3小时即成。

备注：如没有紫砂罐，可用瓷碗代替。蒸时敷上锡纸密封，这样蒸出的玉灵膏，不会耗损药材的功效。

存放：玉灵膏需放入冰箱冷藏，可保质约2个月。为防止腐坏，每周可回锅蒸一次，滋味也会随着时间更为厚重。

　　一颗温热的心，一段为家人烹煮的时光，阳光照在透明的玻璃杯上，甜甜的味道扑过来……有时，生活需要一点手做的滋润，让身体和心情投入进去，为爱而忙，是抵御寒冬最好的滋养。

冬・小雪

煮五谷，烧萝卜，小雪微寒以食取暖

入冬进补，
用饮食平衡阴阳。
萝卜配五谷，
冬天里的热腾腾。

萝卜味甜，脆嫩、汁多，"熟食甘似芋，生荐脆如梨"，其效用不亚于人参，故有"十月萝卜赛人参"之说。中医认为，白萝卜味甘、辛，性凉，入肺、胃、大肠经，有清热生津、凉血止血、下气宽中、消食化滞、开胃健脾、顺气化痰的功效。

薏米是谷类中的好人缘，常与许多粮食搭配食用，营养丰富，易于被肠胃吸收。薏米既能作为主食食用，又能入菜烹汤，微寒而不伤胃，益脾而不滋腻，是为身体除湿的好帮手，也是润肺美颜的天然补品。

五谷烧萝卜

主料：白萝卜250克，薏米100克，五色糙米50克，藜麦50克，红豆20克，小米20克。

配料：植物油3克，竹盐3克，生姜5克。

做法：

1.将五谷杂粮在冷水中提前浸泡10小时左右。

2.白萝卜去皮、切块，生姜切末。

3.将浸泡好的五谷杂粮放入蒸笼小火蒸15分钟，使杂粮表层开花。

4.热锅放入植物油，用生姜末炝锅，略微翻炒白萝卜块。

5.倒入蒸好的杂粮，加入水，竹盐，烧煮到白萝卜内里软烂即可。

大 雪

寒 风 烈 ， 冬 梅 放

交节日：公历12月6/7/8日

诗说
SHI SHUO

小雪散漫，

大雪纷扬，

转眼间，

窗外已是银装素裹。

隔日清晨，

出门赏雪时，

皑皑白雪已铺满山头，

寂静而生动。

几枝红梅点缀雪中，

分外明艳。

珠帘高卷莫轻遮，往往相逢隔岁华。

春气昨宵飘律管，东风今日放梅花。

素姿好把芳姿掩，落势还同舞势斜。

坐有宾朋尊有酒，可怜清味属侬家。

——李璟《登楼赋》

大雪，冬季的第三个节气，标志着仲冬时节的正式开始。《月令七十二候集解》载："大雪，十一月节，至此而雪盛矣。"到了这个时节，雪往往下得大，范围也广。《诗经·小雅》里说，"冬日烈烈，飘风发发"，学者郑玄笺："烈烈，犹栗烈也"，说的是寒风中的战栗。

大雪三候：一候鹖鴠不鸣；二候虎始交；三候荔挺出。天气寒冷，飞禽走兽已不见踪影，就连寒号鸟也停止了鸣叫。此时阴气最盛，盛极而衰，阳气已有所萌动，于是老虎开始求偶。"荔挺"为兰草的一种，简称为"荔"，因感到阳气萌动而抽出新芽。

雪是冬日风雅的代表，古人以雪后收雪烹茗为高人雅事。唐代陆龟蒙云："闲来松间坐，看煮松上雪"，足见其高逸之风。《红楼梦》中，刘姥姥游大观园一回，午后众人小憩栊翠庵，妙玉以梅花雪水招待宝钗、黛玉二人之叙述最为经典。乾隆帝一生不可一日无茶，品尽天下名泉，虽爱玉泉山泉水，却也以为不可与雪水相比："更无轻于玉泉者？曰：有！乃雪水也。尝收集素而烹之，较玉泉斗轻三厘。雪水不可恒得"，可见雪水之珍。

冬季养生，宜藏不宜露，使阴阳平衡，饮食上保阳护阴。《黄帝内经·素问》记载，此时节养生之道核心在：早卧晚起，必待日光。时至大雪，是进补的大好时机。孙思邈在《千金要方·食治篇》中说，"食能祛邪而安脏腑，悦神，爽志，以资气血"。进补不一定需要药补，以五谷、果蔬等食材进行"慢补"，循序渐进，更符合养生的原则。

| 爱是温暖实在的体己话，

比如"我煮了好喝的焦枣茶给你"

冬天，炉上一团热气，水在玻璃壶里咕嘟冒泡，食材也跟着翻跟头，奏出叮叮当当的乐曲……

梓萱的日常，专注于温暖的食事，烦恼消散了，寒冷也被温柔地驱赶。手里握着一杯，还没有起好名字的热乎汤水，心里充盈着满足感。

一杯热水的变身

梓萱将"养"的概念，深入到家家户户冬季里的日常。"多喝热水"，这句简单的嘱咐，只要稍稍用心创意，便会让这杯热水，变身好喝又养生的冬日暖饮。

中医常说的养，讲究冬藏。冬藏，藏的是阳气，冬季将身体的阳气和情志收敛起来，是为来年春天的生发蓄积能量。在冬藏的日子里，固肾、安心，才能将阳气收得实、藏得深。

金丝焦枣茶，固肾健胃，安心除烦，每日煮上一壶，让身体和心情都被暖暖地捂热。

金丝小枣，先炒后泡，祛寒湿，益脾胃。冬季吃苦，固肾健胃，枣子炒过后，表皮略黑，微微焦苦，正是功效最好的部分，帮助消化、护肾益气。加入少许陈皮一同浸泡饮用，风味更佳。

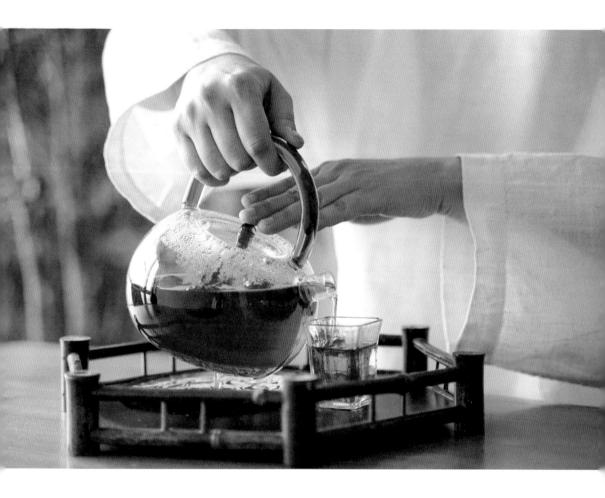

金丝焦枣茶

主料：金丝小枣200克，面粉20克，陈皮5克。

做法：

1.金丝小枣用加面粉的清水浸泡10分钟，晾干备用。

2.将枣放入无油的炒锅，用小火干炒到外皮焦黑。

3.每次取1小把焦枣，用沸水冲泡，加入陈皮。

4.闷20分钟后，即可当茶饮用，也可反复冲泡。

煮雪烹茶，四物入汤

素物入汤，

以果蔬慢补替代药补，

养血气，清肺热，

补中益气，调和脾胃。

黄花菜有个非常风雅的名字叫忘忧草，可"安五脏、利心志"。《云南中草药》中记载，黄花菜养血补虚，有清热的功效。黑木耳补气养血，能肃清肺与血液里的"垃圾"。在雾霾多的北方，冬季要多吃木耳。

素四物汤

主料：黄豆芽100克，黄花菜50克，黑木耳30克，老豆腐250克。

配料：植物油3克，竹盐3克，果蔬粉3克，素高汤250克。

做法：

1.黑木耳泡发、洗净，黄花菜泡发后去根、洗净，黄豆芽洗净，老豆腐切块，备用。

2.在砂锅中加入温水、植物油、素高汤，放入备好的主料，加竹盐、果蔬粉调味。

3.所有食材炖煮半小时即可出锅。

冬 至

冬至节，阳气生

交节日：公历12月21/22/23日

诗说
SHI SHUO

冬至节，
春的前奏已经开始了，
天地间，
阳气逐渐上升，
一个新的循环即将开始。
冬至如大年，
民间老一辈的说法，
在这天，
敬天神人鬼。

天时人事日相催，冬至阳生春又来。
刺绣五纹添弱线，吹葭六琯动浮灰。
岸容待腊将舒柳，山意冲寒欲放梅。
云物不殊乡国异，教儿且覆掌中杯。

——杜甫《小至》

冬至，又称"冬节""亚岁"等。《载敬堂集》载，"夏尽秋分日，春生冬至时"，冬至节，春之先声也。《汉书》有云，"冬至阳气起，君道长，故贺"，是说人们过冬至节是为了庆祝新的一年到来。古人认为自冬至开始，天地阳气开始兴作渐强，代表下一个循环开始，是大吉之日。

冬至成为节日，源于汉代，盛于唐宋，相沿至今，民间一直有"冬至大如年"的说法。按照北方人的习俗，要吃饺子。饺子虽起源于东汉，但这个名词见于文字，则出自明末方以智的《通雅》，说"饺"从"角"而来，北方人读"角"声如"矫"，因此把"角饵"读成"饺儿"，其本名为"粉角"。在古人眼里，无论是"角、矫、饺"，都蕴含着新旧"交"替之意，于是饺子就成了家宴中不可缺少的一道美食。

冬至三候：一候蚯蚓结；二候麋角解；三候水泉动。传说，蚯蚓是阴曲阳伸的生物。此时阳气虽已生长，但阴气仍然十分强盛，土中的蚯蚓仍然蜷缩着身体。古人认为麋的角朝后生，所以为阴，而冬至一阳生，麋感阴气渐退而解角。阳气初生，此时山中的泉水也开始温热流动。

冬至日是"数九"的第一天，关于"数九"，民间流传的歌谣是这样说的："一九、二九不出手，三九、四九冰上走，五九、六九沿河看柳，七九河开，八九燕来，九九加一九耕牛遍地走。"

《易经》中有"冬至阳生"的说法。这是因为节气运行到冬至这一天，阴极阳生，此时人体内阳气蓬勃生发，最易吸收外来的营养，而发挥其滋补功效。可见，冬至前后人们开始进补是最好时间。冬至时节饮食宜多样，谷、果、蔬合理搭配，适当选用高钙食品。

认真吃好每一顿饭，
是冬天里最称心的温暖

所谓的好日子，
不过是柴米油盐的快乐寻常。

——梓萱

越是天气冷的时候，越是对食物满怀渴望。凉风吹过来，脑海中浮现回家的路，开门看见妈妈盛汤的背影，饭桌上热气腾腾，整个人暖得透透的。

一餐饭的时间，也可能是一个人独处的空间，一顿舒心的料理也有机会照亮内心的某个角落。冬季的蔬食便当，梓萱希望那些在外学习和工作的人，即便再忙，也要抽出时间好好吃饭，因为在简单却温暖的食物里，藏着令人欢喜的小太阳。

无须复杂的加工，鲜美就是食物的价值所在。

工作中的一顿午餐，可不是填饱肚子那么简单。面对食物的时候，我们有一段只属于自己的时间，忘掉未完成的工作，暂别职场上的压力，只是单纯地考虑，要再加一勺饭？还是一碗汤？短暂却真实的满足感，需要一份健康美味的餐食来实现。

　　春生，夏长，秋收，冬藏。冬季是收藏的季节，我们应该多吃在土壤里蕴藏一年天地精华的根茎类食物，吸收里面满满的能量。于是，梓萱的冬季便当食材选用了红薯、马铃薯、山药和胡萝卜，配以娃娃菜和菌菇来完成制作。

　　新鲜的食材往往无须复杂的加工过程，鲜美就是食物的价值所在。红薯、马铃薯、娃娃菜和松茸菇等均采用了蒸煮的方式，既保留了食材本身的营养，又让香气引导我们的味蕾，仿佛进入了原始森林般的回味。

珍玉松茸卷

主料：娃娃菜100克，松茸菇50克。

配料：素高汤50克。

做法：

1.娃娃菜洗净，备用。

2.松茸菇刷去浮土，洗净、切片。

3.松茸菇、娃娃菜分别煮约30秒。

4.过凉的娃娃菜卷松茸菇成菜卷状。

5.最后浇上调好的素高汤。

糙米黄豆饭

主料：有机糙米100克，黄豆30克。

做法：

1.黄豆浸泡2小时。

2.有机糙米和浸泡好的黄豆一起煮饭即可。

记忆中的年味儿，就在这盘饺子里

金鱼造型，

年年有余，

代表着一家人的团圆。

白菜又叫百财，

豆腐谐音多福，

配上胡萝卜和香菇，

这顿冬至饺子，

代表着一家人的圆满。

胡萝卜，冷风中的红晕

冷冷的西北风，吹不走它脸上的红晕，细长的身躯，蕴藏着扎实的营养与能量。早在2000年前，它就与人们为伴，冬天的漫长生活里，缺少不了这热情的一味。

年年有余饺

主料：白菜800克，豆腐500克，胡萝卜150克，香菇100克，饺子粉500克。

配料：竹盐10克，果蔬粉5克，香油5克，植物油30克，小红豆。

做法：

1.胡萝卜榨汁后倒入饺子粉中轻轻搅拌，和成面团醒15分钟备用。

2.白菜洗净，切碎、撒上竹盐，把水分沥干备用；豆腐、香菇切末，备用。

3.温锅，把豆腐末和香菇末炒至七成熟。

4.将白菜、豆腐、香菇混合，加入竹盐、植物油、果蔬粉、香油拌匀制成饺子馅，将醒好的面团擀成饺子皮。

5.包成鱼饺子，放馅后先把中间捏紧，两端造型鱼眼和鱼尾，最后用小红豆点睛。

6.鱼饺子上锅蒸，开锅后蒸12分钟左右即可。

小 寒

腊 八 到 ， 粥 驱 寒

交节日：公历1月5/6/7日

簿书方应接一身，减却新计上笔尖。

愧我世无分雨补，为农忧有岁时占。

客因年近思家切，人到心间饮水甜。

昨夜一番乡屋梦，寒梅香处短筇拈。

——张即之《腊八日早漫成》

小寒连大吕，欢鹊垒新巢。

拾食寻河曲，衔紫绕树梢。

霜鹰近北首，雉雊隐聚茅。

莫怪严凝切，春冬正月交。

——元稹《小寒》

　　小寒，冬季的第五个节气，《月令七十二候集解》记载："月初寒尚小，故云。月半则大矣"。小寒节气从二九横跨到四九初，包括三九严寒，标志着一年中最寒冷的日子到来了。

　　小寒三候：一候雁北乡；二候鹊始巢；三候雉始鸲。古人认为大雁顺阴阳而迁移，此时阳气已动，大雁开始向北迁移，喜鹊也开始筑巢，准备繁殖后代，雉是野鸡，鸲是鸣叫的意思，四九过后早春已近，雉感阳气，开始鸣叫求偶。

　　"草白霭繁霜，木衰澄清月"，这是王维诗，草满霜花放出银白之色，木叶凋零反衬月色清辉，寒风飘摇，月光静寂。诗人于自然界"草白""木衰"的萧疏变化中，感怀生命的脆弱，参悟自然之禅意。

| 天然果香，舌尖绽放

家的滋味就像80℃慢烤的果干，
很暖、很甜、很自然。

年近了，好友聚会聊天，手边少不了称心可口的零食，可掐指算算热量，能放心吃的，却又屈指可数。

小时候，每年秋收过后，就到了孩子们放肆吃果子的时节，苹果、沙果吃不完的，大人会晒成果子干，留给孩子们能一直吃到过年。天然果香，在舌尖慢慢绽放，每每想起，连记忆都会变甜。

长大后，果干、果脯依旧是手边零食，可再也吃不出儿时那股滋味。当甜味剂盖住果子本来的风味，果子干就不再是大自然的礼物，而是工业化的统一标准，是配料栏那串长长的字。

回归食物的温度，释放果子原有的自然风味，梓萱手作果子干，纯天然，零添加，让儿时最熟悉的味道，轻触记忆，重新打开真实的味蕾之门。

果干出炉，时光温暖

冬季，家里最常囤的苹果、鸭梨、橙子，都可以成为天然果干的食材，梓萱提倡无添加的低温烘烤，让果香与糖充分相融，甜酸可口，自然健康。

大连的红富士苹果，是出了名的甜，经过低温烘烤，水分慢慢干燥，糖分比例再次进阶，不加任何调味，入口清爽甘甜。

　　喝茶、工作、聊天，时不时丢一块到嘴里，能嚼出大大的满足感。喜欢脆口的朋友，只需微调烘焙时间，久一点，甜脆口感，更加圆满。

　　梨的肉质较软，烤后加了一点点韧劲儿，甜度在咀嚼中一点点释放，浓厚回甘。梨干的外形干净清澈，微微皱起的表皮，经过时间与温度的洗礼，将层层养分锁住，独有的香气，让它最有人缘儿。

　　橙子切片，保留橙色的外衣，在众果干中不仅颜值领先，更是每天离不开的那几片。两片橙干泡水，再舀一勺蜂蜜，酸甜滋味，与家人朋友一起分享，暖意洋洋。

果子干

主料：苹果500克，梨500克，橙500克。

做法：

1.将苹果、梨、橙洗净，苹果和梨去皮。

2.分别切成0.5厘米厚的薄片。

3.将切好的果片去核。

4.将果片摆入果干机。

5.设定温度80℃、时间10小时即可。

临近春节，平常小日子越发的暖

与家人一起，采办年货，准备食物，寒冬也有了迷人的温度。一份手作果子干，不仅是健康可口的小食，更是与家人度过的快乐时光。真正的年味儿，来自于家人的用心呵护，在这份朴实的爱里，愿我们天天年年，以情相伴。

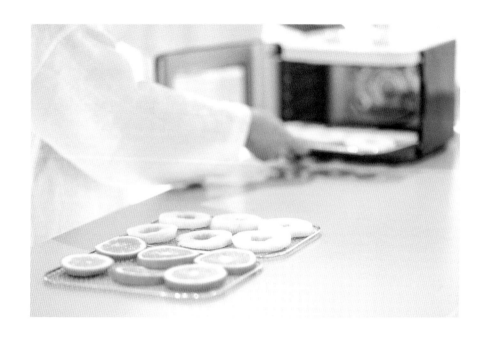

严冬腊八，给胃一个暖暖的拥抱

腊八粥，

集八方食物合在一起，

与米共煮一锅，

有合聚万物、调和千灵之意。

红枣，最好吃的维生素丸

红彤彤的果实，很衬节日的气氛，圆圆的、肉肉的，甘之如蜜。满满一盘端上桌，不一会儿，就被小孩子们吃完了。红枣被称为"最好吃的维生素丸"，民间有"日食三颗枣，百岁不显老"之说。

腊八粥

主料：红豆30克，白糯米50克，紫米30克，小米30克，莲子10克，核桃10克，花生10克，红枣10克。

配料：黑糖10克。

做法：

1.将8种食材放入碗内，用温水浸泡2小时。

2.将泡好的食材放入电压力锅内，加入适量黑糖，温水进行熬制。

3.熬制1小时左右，腊八粥即可出锅。

大　寒

霜花白，月光寂

交节日：公历1月19/20/21日

在严寒统治的世界，
冰天雪地成了一幅唯美画卷。
枯草上的霜花晶晶亮，
寒风里的月色放清辉。
重斤压不破冰冻之水，
冰滑梯、小冰车，
冬天里的玩具让北方的童年，
变得与众不同。

腊酒自盈樽，金炉兽炭温。
大寒宜近火，无事莫开门。
冬与春交替，星周月诇存？
明朝换新律，梅柳待阳春。

——元稹《大寒》

大寒，二十四节气中的最后一个，天气寒冷到极点。《授时通考 · 天时》记载："大寒为中者，上形于小寒，故谓之大。寒气之逆极，故谓大寒。"

大寒三候：一候鸡乳；二候征鸟厉疾；三候水泽腹坚。到了大寒，便可以孵小鸡了，而鹰隼之类的征鸟，却处于捕食能力极强的状态中，盘旋于空中寻找食物，补充身体的能量抵御严寒。到了大寒，水域中的冰一直冻到水中央，最结实，也最厚，孩子们可以尽情在河上溜冰。

大寒节气在古代文人的笔下，颇有典故。唐朝白居易作《村居苦寒》，写道："乃知大寒岁，农者尤苦辛"，以此抒发对农民生活的担忧。高适在《答侯少府》中所言，"北使经大寒，关山饶苦辛。边兵若刍狗，战骨成埃尘"，更将大寒与边关将士守关的辛苦抒发得淋漓尽致。

大寒时节，是我国最寒冷的时期。传统中医认为，寒为阴邪，此时是一年中阴邪最为旺盛的时期。因而大寒的养生原则是敛藏精气、固本扶元，以防寒补肾为主。

| 妈妈蒸的福馒头，都是陪我长大的味道

在北方，过完小年，就该准备忙年了，蒸一锅热气腾腾的大馒头是春节的压轴大戏。

梓萱说，福馒头，枣馒头，都是来年的好兆头。平常日子里积攒的小创意，都会在捏馒头的时候呈现出来，趣味和快乐也在冬日里，暖暖地发酵着，蒸腾出团圆的味道。

年前这几天，赶大集、买年货、备宴席、串亲戚，办的是新年事，品的是人情味。民谣里唱："二十八，把面发；二十九，蒸馒头"，在除夕的前两天，家家户户把最重要的时刻，留给了蒸馒头这件事。从馒头里，我们品到的不只麦香，更有一家人齐心协力、蒸蒸日上的爱与付出。收获的，除了丰衣足食，还有人心相聚。

腊月二十九，厨房里冒出满满的幸福感。这一天，孩子们都是妈妈的小尾巴，烧水、和面、揪面团、揉面饼，一家人忙得不亦乐乎。软糯的面团，在妈妈手里轻巧地揉搓着，把麦香也揉进了味蕾的记忆。每年，时候到了，这个味道会提醒孩子归乡、回家。梓萱说，妈妈蒸的馒头，就是陪伴我们长大的味道。

小时候，爱吃妈妈蒸的馒头，一口一口都是年味儿，现在又将这手艺传递给更多的朋友。嚼着馒头，就觉得日子是软的，生活充满了香气。

大大的福馒头，多汁多彩，更能养胃。

福馒头

主料：面粉500克。

配料：酵母4克，竹盐3克，糖15克，水约250克。

　　（彩色面团用胡萝卜汁、菠菜汁替代水）

做法：

1.将以上材料倒入盆中揉匀。

2.将揉好的面团盖上保鲜膜，发酵至原来体积的两倍大。

3.把发酵好的面团切成适当大小，揉至表面光滑。

4.为面团塑形，放入笼屉中二次醒发，直到面团再次膨胀，轻拍有空空的感觉。

5.冷水开蒸，水开后约蒸20分钟，关火后闷5分钟开盖出锅。

福袋馒头塑形技巧：

　　取大小合适的面团捏成福袋的形状，用一块菠菜汁揉成的绿色面团搓成细条，缠绕在福袋收口处，系成蝴蝶结，面团无法连接时，表面涂少量水粘连即可。

蔬食
SHU
SHI

院内大寒风霜冽，桌前翡翠珍珠汤

豆腐捏成珍珠丸，

与娃娃菜、香菇同煮，

咸香甘甜，

吃完还想再来一碗。

娃娃菜，一抹治愈的翠

百菜不如白菜，有"微型白菜"之称的娃娃菜，不仅营养均衡，更有治愈疲劳的效果。因为含钾丰富，娃娃菜可以缓解倦怠之感，又有促进胃肠消化的效果，被誉为蔬菜中的一抹治愈的翠。

翡翠珍珠汤

主料：娃娃菜150克，老豆腐250克，胡萝卜100克，香菇50克。

配料：淀粉8克，竹盐3克，素高汤300克。

做法：

1.胡萝卜切末，香菇切末，娃娃菜切段，老豆腐沥干水分、压成泥状。

2.将胡萝卜末、香菇末、淀粉、竹盐倒入豆腐泥中均匀搅拌，制成素丸子。

3.将素丸子放入素高汤煮至六成熟。

4.放入娃娃菜稍加炖煮，再加少许竹盐、素高汤。关火，出锅。

后 记

若愫，一个传递幸福的地方。

作为若愫创始人，我当时创办若愫公益分享平台的初衷，是想呈现一种生活方式：棉麻为衣，草木为饮，食以谷蔬，居于山水。安心于日常生活，在一杯茶、一餐饭中感受并传递幸福。

同时与大家交流一种具有四季生活美学的节气食养生活，希望每个人都能以"欢喜心"过生活，认真做好每一餐饭，照顾好自己和家人。

若愫分享二十四节气食养蔬食，是告诉大家在不同的季节，选择吃什么样的食物，如此应时而食顺应自然规律的变化，让人体的内环境与天地之气顺应起来，这样就会自然趋于健康。同时，我们也尽量采用最简单易学的烹饪方式，让大家更容易掌握。

我始终认为，做饭是件平凡又伟大的事情，这里藏着我们对待家的观念，还有一层更重要的意义，幸福不是用钱买出来的，而是用心让家人感受到的。幸福源自于每一份微小的付出，爱就像一味调料，烹在饭里，家人是会品尝出来的。在平常的日子里经营幸福、体会幸福，人生其实就是一场不断学习感受幸福和为他人创造幸福的过程。

现在我们把过去三年公益分享的一些素材，整理出来呈现给大家。一路走来，我们更加相信植物的力量，它让身体更加清朗，让环境变得可持续，让一颗颗躁动的心安静下来，以植物为食，轻轻地，慢慢地，打开身体的感知。感受蔬食生活，身心轻盈如一。

真诚感谢大家对若愫的支持与陪伴，在此特别鸣谢若愫团队的伙伴们所贡献的每一份力量。

梓萱

图书在版编目（CIP）数据

四季风物：十二个月的节气食单／若愫著.—北京：
中国轻工业出版社，2020.11
ISBN 978-7-5184-3158-8

Ⅰ.①四… Ⅱ.①若… Ⅲ.①食谱 Ⅳ.
①TS972.12

中国版本图书馆CIP数据核字（2020）第161664号

责任编辑：高惠京　　责任终审：劳国强　　整体设计：王家强
责任校对：李　靖　　责任监印：张京华

出版发行：中国轻工业出版社（北京东长安街6号，邮编：100740）
印　　刷：北京博海升彩色印刷有限公司
经　　销：各地新华书店
版　　次：2020年11月第1版第1次印刷
开　　本：710×1000　1/16　印张：12.5
字　　数：250千字
书　　号：ISBN 978-7-5184-3158-8　定价：68.00元
邮购电话：010-65241695
发行电话：010-85119835　传真：85113293
网　　址：http://www.chlip.com.cn
Email：club@chlip.com.cn
如发现图书残缺请与我社邮购联系调换
200112S1X101ZBW